Jürg Meyer

Das schönste Gestein der Welt

Haupt
NATUR

Umschlag vorne: Teil eines anpolierten Stückes von Allalin-Gabbro, das gleiche wie in Abb. 4a.

Umschlag hinten: Das Allalinhorn im Morgenlicht, Blick vom «Klein Allalin» bei der Britanniahütte. Der Berg und sein Vorbau bestehen aus Allalin-Gabbro, die Felsen des Rimpfischhorns links und diejenigen rechts im Vordergrund sind metamorphe Basalt-gesteine.

Jürg Meyer

DAS SCHÖNSTE GESTEIN DER WELT

Der Allalin-Gabbro aus den Walliser Hochalpen

2. Auflage

Haupt Verlag

«Mais depuis que des voyages répétés dans différentes parties de cette chaîne, m'ont présenté des faits plus nombreux, j'ai reconnu qu'on pouvoit presque assurer qu'il n'y a dans les Alpes rien de constant que leur variété»
«Jedoch haben sich mir nach den wiederholten Reisen in verschiedene Teile dieser Gebirgskette viel mehr Tatsachen präsentiert, und ich erkannte, dass man fast versichern kann, dass es in den Alpen nichts Konstantes gibt als ihre Vielfalt.»

Horace Bénédict de Saussure, 1740–1799 im Fazit seines Gesamtwerkes «Voyages dans les Alpes», Band 4, Seite 464.

Hinweise:

- Weisse Masslinien auf den Makrofotos zeigen jeweils 1 cm an. Bei etlichen Portfolio-Fotos wurde aus Gründen der Ästhetik auf Masslinien verzichtet und es sind lediglich Grössenbereiche in den Bildlegenden angegeben.
- In den Abbildungen und deren Legenden werden teilweise Mineralnamen in abgekürzter Form verwendet (z. B. Grt für Granat). Eine Abkürzungstabelle ist im Anhang E vorhanden.
- *Kursiv* gesetzte Ausdrücke werden im Glossar im Anhang C erläutert.
- Die Legendentexte von Gesteins-, Makro- und Mikroaufnahmen sind so knapp wie möglich gehalten. Alle, die etwas genauer Bescheid wissen möchten über die auf den Abbildungen sichtbaren Phänomene und Mineralien, können ausführliche Bildlegenden auf der Webseite des Autors anschauen und herunterladen: **www.rundumberge.ch/Legenden_Allalin-Gabbro.**

Inhalt

Anhang

Zur Einstimmung

Das schönste Gestein der Welt – unverschämt und anmassend?

«Schön ist kein wissenschaftlicher Begriff!»
(Prof. Peter Bearth)

Ein Attribut wie «schön» ist subjektiv (Abb. 1a). Der schönste Berg der Welt? – Matterhorn, Ama Dablam, Shivling, Fujiyama oder ...? Die schönste Alpenblume? Das schönste Bild von van Gogh? Was heisst schon «schön»?
Es gibt sicherlich gewisse Kriterien für die Schönheit von Gesteinen, etwa die Farben, deren Kombinationen, die Muster und Strukturen, die Variabilität und das Zusammenspiel all dieser Faktoren. Auch Zeitgeist und Moden spielen mit. So wurde etwa der grellbunte und wild gemusterte Grindelwaldmarmor im 19. Jahrhundert für Säulen, Kamine, Kommoden, Türstürze etc. sehr geschätzt. Heute rümpft man eher die Nase über dieses einer Schwartenwurst ähnliche Gestein (Abb. 1b).
Bei der ästhetischen Beurteilung von Gesteinen spielt auch die betrachtete Dimension eine wichtige Rolle. Es macht einen Unterschied, ob man eine ganze Felswand, einen Aufschluss im Meterbereich, ein Handstück oder einen Lupenbereich betrachtet. Für den Allalin-Gabbro bezieht sich das Attribut «schönstes Gestein» auf den Handstück- bis Aufschlussbereich.
Es gibt viele gemeinhin als sehr schön beurteilte Gesteine – einige davon werden in Kapitel 27 vorgestellt. Warum ich es wage, den Allalin-Gabbro als schönstes Gestein der Welt zu bezeichnen, wird sich Ihnen auf den folgenden Seiten hoffentlich eröffnen. Nehmen Sie es mit einem Körnchen Salz, einem leichten Schmunzeln, und verzeihen Sie mir das kleine Bisschen «geologischen Lokalpatriotismus»!
Der Allalin-Gabbro ist nicht nur vom Äusseren, vom Ästhetischen her, schön, sondern zeigt auch eine Art innere Schönheit, die mit seiner wissenschaftlichen Bedeutung zu tun hat. Denn er zeigt uns Wissenschaftlern verschiedene geologische Prozesse und Prinzipien auf, die zu erforschen und erkennen ein Forscherherz beglücken können. Schliesslich kommt auch seine kulturhistorische Bedeutung als Steinbeil-Rohstoff hinzu.

Mein persönlicher Bezug zum Allalin-Gabbro

Ich hatte das Glück, dass mein verehrter Mentor Prof. Peter Bearth (1902–1989) an der Uni Basel mir 1979 vorschlug, als Thema meiner Doktorarbeit den Allalin-Gabbro vertieft zu bearbeiten. Er selbst hatte im Rahmen seiner gewaltigen geologischen Kartierungen in den Walliser Hochalpen schon darüber publiziert und eine sogenannte Hochdruck-Metamorphose festgestellt, aber vieles blieb noch zu erforschen. Damals, anfangs der 1980er-Jahre, kamen Gesteine, welche bei der Alpenbildung infolge Versenkung in Tiefen bis über 50 Kilometer eine sogenannte Hochdruck-Metamorphose erlitten haben, verstärkt in den Fokus der Forschung. Mir kam entgegen, dass die Aufschlüsse von Allalin-Gabbro nur am gleichnamigen Berg oberhalb von 3000 m und meist an abweisenden Felswänden zugänglich waren. Als frisch gebackener Bergführer war ich es gewohnt, mich in solchem Terrain zurechtzufinden. Ich konnte meine Arbeit erfolgreich abschliessen und viel Spannendes und Neues zur Entstehungsgeschichte herausarbeiten. Weil ich gleich nach Abschluss der Doktorarbeit eine anspruchsvolle erste Anstellung an der Uni Bern erhielt, verpasste ich die Gelegenheit, daraus eine Publikation in einer Fachzeitschrift zu machen. Das holte dann mein damaliger Doktorats-Mitbetreuer Prof. K. Bucher im Jahr 2009 mit seinem Kollegen Rodney Grapes nach. Sie vertieften und erweiterten meine Arbeiten und schufen eine hochklassige

Publikation. Seither widmeten sich weitere Forscher dem Gestein, und auch aktuell laufen noch wissenschaftliche Projekte daran.
Mich selbst hat es beruflich dann in andere Richtungen verschlagen. Seit einigen Jahren bin ich im Rahmen meiner Exkursionsangebote und Buchpublikationen dem Allalin-Gabbro wieder nähergekommen. Und so kann ich mit diesem Buch sozusagen den Kreis meiner geologischen Laufbahn wunderbar schliessen, indem ich dieses fantastische Gestein einer breiteren Leserschaft präsentieren darf.

Was soll dieses Buch, an wen richtet es sich?

In gewisser Hinsicht ist dieses Buch ein Novum auf dem Sachbuchmarkt. Es ist eine Art «Gesteins-Monografie», und meines Wissens gibt es so etwas bisher nicht. Da stellt sich natürlich die Frage: Wen kann so etwas interessieren? Ich stelle Ihnen Gegenfragen:

— Sind Sie an Gesteinen und deren Entstehungsgeschichten interessiert?
— Lieben Sie die Bergnatur in ihrer ganzen Breite und Vielfalt?
— Sind Sie bergsteigerisch oder bergwandernd mit offenen Augen unterwegs?
— Sammeln Sie auf Ihren Wanderungen gerne interessante oder hübsche Gesteine auf?
— Interessieren Sie sich für die geologische Entstehung der Alpen?
— Erfreuen Sie sich an guten Fotos von schönen Naturphänomenen?
— Finden Sie die steinzeitlichen Epochen der Menschen spannend?

Wenn Sie eine oder mehrere dieser Fragen positiv beantworten, dann haben Sie hier ein Buch in der Hand, das auf Sie zugeschnitten ist.
Noch ein Gedanke sei angefügt: Der Allalin-Gabbro ist auch ein vorzügliches Beispiel dafür, wie viel an Informationen aus der Erdgeschichte in einem einzigen Gestein stecken können. Im Falle des Allalin-Gabbros führte das sogar dazu, dass in Bezug auf einige Aspekte seiner Entstehung bis heute unter den Forschenden divergierende Ansichten bestehen, mithin die Erforschung lebendig bleibt. Dies zu illustrieren ist ebenfalls ein Anliegen dieses Buches.
Kommen Sie nun mit auf eine Erkundungsreise zu diesem höchst aussergewöhnlichen Gestein! Sie können das Buch eher als Fotoband geniessen, sich mehr auf die geologisch-wissenschaftlichen Hintergründe und die Entstehungsgeschichte fokussieren oder aber beides tun. Sie werden zudem gleichzeitig einiges über die geologische Bildung der Alpen, speziell der Walliser Alpen, erfahren.

Abb. 1a Ein typischer Allalin-Gabbro im Anschliff – ist er nicht prächtig?

Abb. 1b Grindelwald/Rosenlaui-Marmor im Anschliff; er wurde früher als Stein fürs Interieur hochgeschätzt.

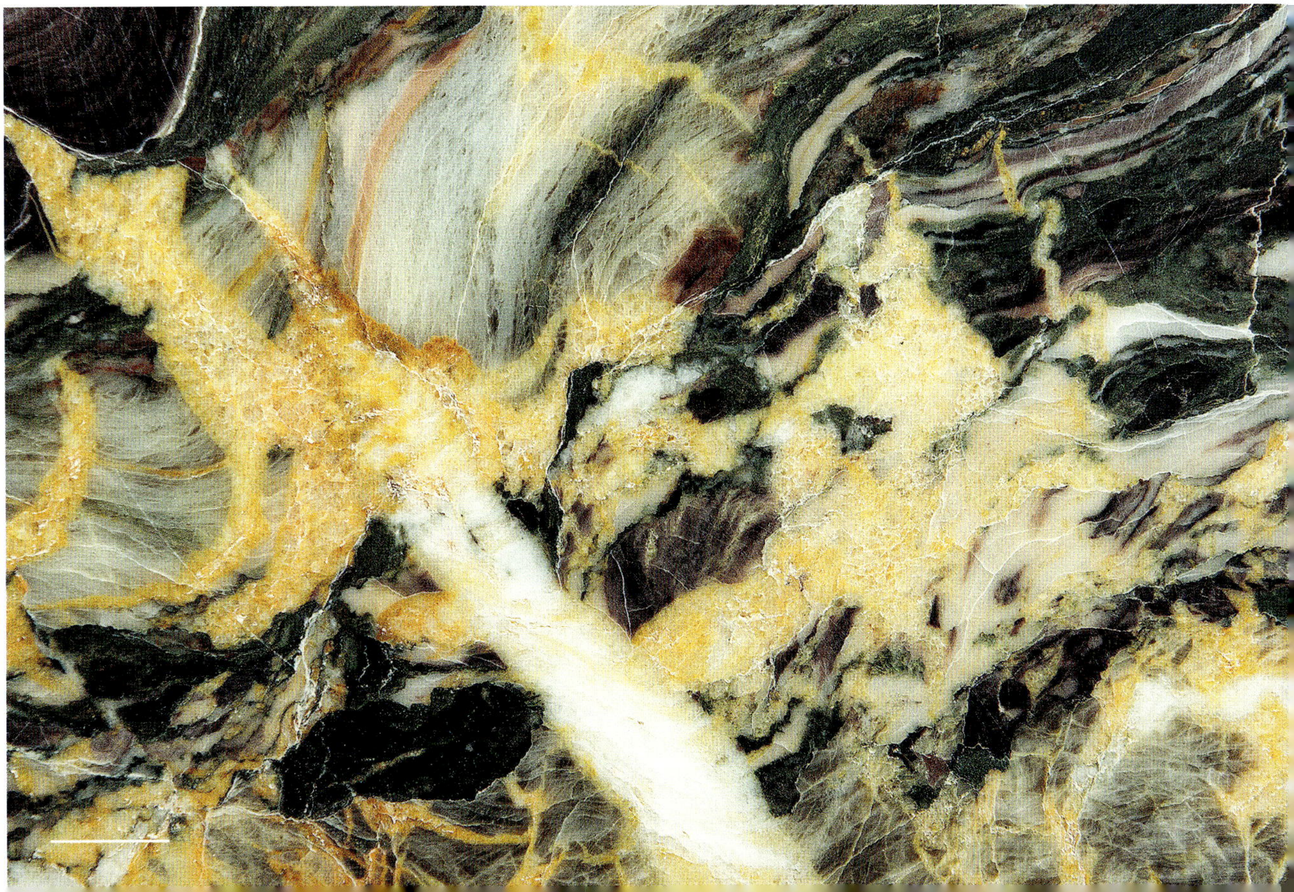

Sponsoren und Verdankungen

Ein Werk wie das vorliegende hätten Sie nicht in Ihren Händen, wären nicht eine grosse Zahl von Menschen, Institutionen und Organisationen bereit gewesen, einen finanziellen Beitrag dazu zu leisten – denn ohne diese wäre das Buch derart teuer zu stehen gekommen, dass Sie es kaum gekauft hätten! Mit einem Crowdfunding konnten sich viele Einzelpersonen am Buch beteiligen. Daneben haben gezielt angeschriebene Institutionen teilweise beträchtliche Beiträge geleistet.
Allen diesen Unterstützenden sei hier von Herzen gedankt; sowohl von meiner Seite als Autor als auch vonseiten des Haupt Verlags in Bern.

Mit je einem hohen Betrag haben die Kulturförderung des Kantons Wallis und in höchst verdankenswerter Weise auch die Burgergemeinde Bern das Buchprojekt unterstützt.

Kanton Wallis, Kulturförderung

Le Canton du Valais encourage la culture
Der Kanton Wallis fördert Kultur

Burgergemeinde Bern

Burgergemeinde Bern

Mit grossen Beiträgen haben sich folgende Institutionen beteiligt:

Tourismus Saastal

Gemeinde Saas-Fee

Saas-Fee Bergbahnen

SAC Sektion Genf

Mit grossen Beiträgen haben sich folgende Einzelpersonen beteiligt:

Martin Engi, Bern
Peter Glauser, Langnau
Jörg Hermann, Bern
Hans Löhmer, D-Kassel
Jean-Philippe Mayor, Pompaples
Regula Meyer, Suhr
Thomas Pettke, Bern
Eva Röntz, Rütschelen
Angelika Senst & Andreas Pfeuti, Münchenstein
Peter Streiff, Bern
Peter Thomet, Ins
Martin Wyss, Baden
Anonym

Mit mittleren Beiträgen haben sich folgende Einzelpersonen beteiligt:

Eveline Dürig, Riehen
Benno Furrer, Cham
Peter Heitzmann, Bern
Jean-Pierre Jaccard, Augst
Aline Janett, Muri
Daniel Kurz, Bern
Dan Morariu, Genf
Peter Schönbucher, Kriens
Wolfgang Sorin, D-Höhenkirchen
Ulrike Walter, Rudolfstetten
Anonym

Mit kleineren Beiträgen haben sich folgende Einzelpersonen beteiligt:

Peter Abbühl, Arni
Johann Felix Aeby, Düdingen
Jürg Alean, Eglisau
Ben. J Angst, Wallisellen
Carole Baschung, Murten
René Baumann
Kästli Beat, Bern
Herma Bergbauer, D-Fuldatal
Yolanda Bernhauser, Hemberg
Otti Bisang, Küsnacht
Theo Bopp, Bussigny
Lorenz Born, Bern
Peter Brügger
Marc Brühlmann
Evelyn Bühler Luijten, Thalwil
Alfred Burkhard, Basel
Davide Compagnoni, Sils/Segl Maria
Ueli Corrodi, Hinterkappelen
Klaus Dolderer, Biberach
Remo Egger, Adetswil
Monika Fluri, Laufen
Sophia Fölserl
Martin Gadient, Basel
Jakob Graff, D-Berlin
Alfred Graff, D-Essen
Maurus Gsponer, Brig
Leandre Guillod, Motier
Marcel Güttinger, Richterswil
Christoph Gysel, Saas-Grund
Dirk Hackemack, München
Michael Haus, Walchwil
Johannes und Trudi Hiltbrunner, Rütschelen
Esther Hool, Péry
Jean-Pierre Jaccard, Augst
Edzard Jungkunz, Kehrsatz
Heiner Kilchsperger, Suhr
Martin Künzle, Bern
Urs Lauber, Baar
Hans-Ulrich Leu, Zürich
Albert Lüscher
Peter Maeder, Ried b. Kerzers
Max Maisch, Gockhausen
Thomas Mauron, Basel
Lukas Meyer, Bern
Floh Müller, Fiesch
Gabi Müller, Küsnacht
Manon Camille und Daniel Nyfeler, Rütschelen
Ivo Paroni, Feutersoey
Jakob Rösch, Melchnau
Christian Rudin, Schönried
Regina Schallberger, Gockhausen
Christina Schatz, Bern
Rolf Schifferli, Kirchenthurnen
Stefan Schmid, Zürich
Eugen Schmitter, Weinfelden
Daniel Schönenberger, Wirzweli
Thomas Schüle, Biglen
Elisabeth Schwitter, Rümlang
Mirjam Senn, Wohlen
Hélène Spicher, Torny-le-Grand
Fredy Spring, Basel
Eddy Steiner, Saas-Fee
Jens Steiner, Zürich
Urs Stettler, Bern
Dora Stettler, Ortschwaben
Beat P. Truffer, Zermatt
Thomas Vogel
Christian von Dach, Oberwil
Fredi und Christina von Gunten, Interlaken
Hans Widmer, Uerkheim
Fabian Winiger, Rüti
anonym
anonym

Verdankungen

Wohl hätte ich dieses Buchprojekt auch alleine stemmen können – aber welch riesigen Unterschied macht es aus, wenn eine Partnerin wie meine Frau Eva Röntz da ist, welche nicht nur das Projekt an sich gut findet, sondern mich auch aktiv dabei unterstützt und kritisch mitdenkt, mich in Phasen der Zweifel aufstellt und motiviert und sich über das Gelingen mitfreut!

Die zweitwichtigste Person ist der Projektleiter und gleichzeitig Lektor Martin Lind beim Haupt Verlag. Dies ist nun das vierte Buchprojekt, bei dem ich auf seine wunderbare Unterstützung und kritische Begleitung zählen durfte!

Mein Freund Peter Glauser hat ebenfalls eine sehr wichtige Rolle gespielt, erstens durch sein stetes Interesse und seine moralische Unterstützung, zweitens, noch wichtiger, bei der aktiven und zeitaufwendigen Mitwirkung bei der Makrofotografie – mit welchem Elan und Engagement hat er für mich viele Stunden am Bildschirm oder mit dem Fotoapparat verbracht!

Der Geologe Martin Wyss trat mit seinem gewaltigen geologischen Schulprojekt «CSI Alps» in mein Blickfeld. Die dortigen Grafiken überzeugten mich sofort durch ihre Klarheit und Ästhetik – und so fanden wir zur Zusammenarbeit für die Grafiken dieses Buches. Sein konstruktiv-kritisches Mitdenken, die klare Kommunikation und Zuverlässigkeit waren eine grosse Stütze.

Prof. em. Kurt Bucher, während meiner Diss Ko-Referent, seither äusserst breit aufgestellter Geologe mit bedeutender internationaler Ausstrahlung, hat sich immer Zeit genommen für das Buchprojekt, sei es zur kritischen Durchsicht von Texten, bei der Mithilfe bei der Dünnschliff-Fotografie, im persönlichen Austausch, mit Hinweisen zur Fachliteratur.

Ohne Peter Thomet wäre dieses Buch wohl nicht entstanden. Sein enthusiastisches Engagement für die glazialen Zeugen aus den Walliser Alpen im Mittelland, in dessen Rahmen er mich auch einbezogen hat, sein ansteckender Elan und seine «Anpacker-Mentalität» haben mir den Schub gegeben, dieses Projekt auch tatsächlich anzugehen. Peter half auch beim ganzen Teil über den Allalin-Gabbro im Mittelland aktiv mit, sei es mit Fotos, Kontakten, gemeinsamen Exkursionen und vielen hilfreichen Hinweisen.

Einen besonderen Dank möchte ich auch Toni Imhof aus Ried-Brig aussprechen. Er hat mit mir in seiner Werkstatt eine grosse Menge von Allalin-Gabbros gesägt und für das Polieren vorbereitet, sowie die Montage von dekorativen Stücken auf Holzsockeln ermöglicht.

Julia Dietrich, derzeit Doktorandin am geologischen Institut in Bern, hat mit ihrer Masterarbeit über den Allalin-Gabbro wichtige Impulse gegeben; vor allem hat sie mich aktiv bei der Dünnschliff-Fotografie am Institut unterstützt.

Allen von euch danke ich von ganzem Herzen für euren Beitrag zu diesem Buch!

Dann gibt es auch noch viele hier ungenannte Personen, welche in der einen oder anderen Weise dazu beigetragen haben, dass dieses Buch entstehen konnte. Auch ihnen danke ich hier herzlich.

1

Darf ich mich vorstellen?

Warum der Allalin-Gabbro etwas Besonderes ist

Gabbro – noch nie gehört? Gabbro ist ein *Tiefengestein (Plutonit)* wie der Granit, nur mit einer anderen chemischen und mineralogischen Zusammensetzung, und mit unterschiedlichen Entstehungsbedingungen – sozusagen eine Art Onkel des Granits. Im Kapitel 5 wird das vertieft. Da unser Gabbro mit seiner besonderen Ausprägung ausschliesslich am Allalinhorn vorkommt, hat man ihn «Allalin-Gabbro» getauft (Abb. 2a). Was insofern nicht ganz richtig ist, als dass er seit seiner Entstehung vor 164 Mio. Jahren aus einer *Magma-Schmelze* mindestens zweimal bei erhöhten Temperaturen und Drucken umgewandelt wurde – die Geologen bezeichnen das als «Metamorphose» (Kapitel 9). Deswegen sollte er korrekterweise als «Metagabbro» bezeichnet werden. Da dies hier aber keine wissenschaftliche Fachpublikation ist, bleiben wir beim kurzen und knackigen «Allalin-Gabbro» – ich bitte die Geologen um Nachsicht.

Gabbros sind zwar nicht so häufig anzutreffen wie Granite, aber dennoch nichts wirklich Besonderes. Was macht den Allalin-Gabbro denn so speziell, dass er hier in einem Buch allein vorgestellt werden kann – und dass er die Umschlagsseite des weltweit bekannten Standard-Lehrbuchs über die Gesteinsmetamorphose von Prof. Kurt Bucher ziert (Abb. 2b)?

Erstens, dass er ausschliesslich am Allalinhorn in den Walliser Hochalpen vorkommt, als elliptischer Körper von rund 2 × 1 × 1 Kilometer Grösse. Es gibt zwar ähnliche Gesteine in den Alpen – etwa im Susatal, am Monte Viso, in Ligurien oder auf Korsika, doch ist deren Vielfalt nicht so gross.

Zweitens, dass er aufgrund spezieller Umstände in seinem Inneren Zonen aus allen seinen verschiedenen Bildungs- und Umwandlungsetappen bewahren konnte, sodass die Geologen an ihm die gesamte Geschichte seit seiner Entstehung lückenlos nachverfolgen können. Bei seinen Nachbargesteinen ist das kaum mehr der Fall, da frühere Stadien von den späteren meist überprägt wurden.

Deshalb – drittens – zeigt er sowohl von den Farben, den vorhandenen Mineralien als auch von den Mustern und Strukturen her eine derart unglaubliche Vielfalt, wie dies bei kaum einem anderen Gestein vorkommt. Er ist eine Art «Gesteins-Chamäleon». Das hat mit seiner ungewöhnlichen geologischen Entstehungsgeschichte zu tun, bei der – die Laien mögen sich wundern – Wasser eine entscheidende Rolle gespielt hat (Kapitel 14).

Viertens, dass er, wie alle Gesteine um ihn herum, während den Eiszeiten von Gletschern und Gletscherflüssen weit ins Mittelland transportiert wurde, als grosse *Findlingsblöcke* oder Flussgerölle. Weil er derart unverkennbar und einzigartig ist, kann er als sogenanntes Leitgestein die Ausmasse der Gletschervorstösse aus dem Wallis nachzeichnen (Abb. 2c).

Fünftens suchten schon die Steinzeitmenschen im Mittelland bestimmte Varietäten des Allalin-Gabbros, welche ausserordentlich hart und zäh zugleich sind. Der Grund dafür ist, dass sie sich speziell gut für die Herstellung von Steinbeilen und ähnlichen Werkstücken eigneten (Abb. 2d).

Damit hat also der Allalin-Gabbro gleichzeitig eine hohe ästhetische, wissenschaftliche, eiszeitgeologische und kulturhistorische Bedeutung.

Abb. 2 b Der Umschlag der neuesten Ausgabe des weltweit führenden Lehrbuchs über Gesteinsmetamorphose von Prof. Dr. Kurt Bucher.

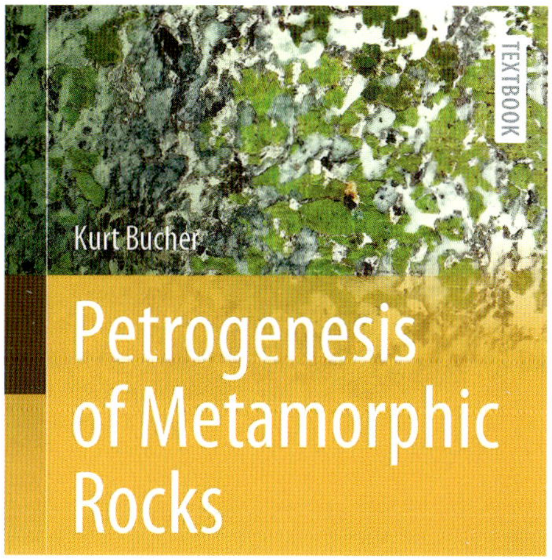

Abb. 2 a Ein typischer Allalin-Gabbro im Anschliff.

Abb. 2 c Allalin-Gabbro-Ackerstein aus dem Mittelland.

Abb. 2 d Jungsteinzeitliches Steinbeil aus Allalin-Gabbro aus dem Seeland, auf einem Schleifstein aus *Molasse*-Sandstein für die Feinbearbeitung.

2

Namen sind Schall und Rauch

Der «Saussurit-Smaragdit-Allalin-Metagabbro»

«While geologists love to dig deep into the Earth, they often find themselves buried in a chaotic abyss of names.»
(ChatGPT)

Mit der Nomenklatur ist es in den Geowissenschaften so eine Sache – mit einem Wort: ein ziemliches Tohuwabohu. Es gibt wenig Systematik, und kommen dann noch Handels-Fantasienamen dazu, wird das Namenschaos erst recht gross. So müssen wir uns auch beim schönsten Gestein der Welt mit verschiedenen Begriffen herumschlagen. Der einzige klare und eindeutige Begriff im Wörterschlangenmonster des Untertitels dieses Kapitels ist «Gabbro». Dieses Tiefengestein (Plutonit) wird in Kapitel 5 vorgestellt.

Die Referenz für die Bezeichnung von geologischen Körpern in der Schweiz ist das *lithostratigrafische* Lexikon strati.ch, welches von der Landesgeologie (swisstopo.ch) und der Akademie der Naturwissenschaften (scnat.ch) geführt wird. Dort läuft unser Gestein unter den beiden akzeptierten Begriffen Allalin-Gabbro und Allalin-Metagabbro. In der Kurzbeschreibung heisst es dann: «Saussurit-Smaragdit-Gabbro, z. T. mit reliktischem Gefüge und Mineralbestand».

Abb. 3 a Klassischer «Saussurit-Smaragdit-Gabbro»

Unter dem Namen «Saussurit-Smaragdit-Gabbro», manchmal auch nur «Smaragdit-Gabbro» oder, in der Schmuckstein-Branche, ganz kurz «Smaragdit», ist das Gestein in seiner so charakteristischen, grob grün-weiss gesprenkelten Ausprägung bekannt geworden (Abb. 3a). Die grünen Partien laufen unter dem Begriff «Smaragdit», die weissen unter «Saussurit». Für beide gilt: Sie werden auf der weltweit gültigen Liste der Internationalen Mineralogischen Gesellschaft (mineralogy-ima.org) nicht als anerkannte Mineralnamen geführt. Denn sie beschreiben keine klar definierten Einzelmineralien, sondern Mineralgemenge.

Smaragdit

Der allseits bekannte, sehr teure Edelstein Smaragd hat seinen Namen aus dem griechischen «smarágdos» für «grüner Stein». Die Silbe «-it» am Ende eines Mineralnamens ist in der Regel ein Kürzel für «lithos», griechisch für «Stein». So ist etwa *Serpentinit* das Gestein aus dem Mineral *Serpentin*. Und so wäre korrekterweise «Smaragdit» ein Gestein aus Smaragd – was es natürlich nicht ist. Der grosse Alpen- und Naturforscher Horace Bénédict Saussure (1740–1799, Abb. 3b) führte den Begriff 1796 für die im Gebiet des Genfersees verbreiteten Glazialgerölle von Allalin-Gabbro («Jades roulés») mit seinen knallgrünen Bestandteilen ein – ohne wissen zu können, um was es sich dabei mineralogisch handelt. Unterdessen wissen wir, dass diese grünen Körner aus dem metamorphen Hochdruck-Mineral Chrom-Omphacit bestehen, welches später noch näher vorgestellt wird (Kapitel 16). Doch dessen hellgrüne Farbe ist völlig verschieden von der tiefgrün-transparenten Farbe des Edelsteins. «Smaragdit» hat also nichts mit dem Edelstein Smaragd gemein, er ist einfach nur ein nomenklatorischer Fehlgriff! Der sich aber hartnäckig hält.

Abb. 3b Horace Bénédict de Saussure (1740–1799)

Abb. 3c Nicolas Théodore de Saussure (1767–1845)

Saussurit

Dieser Begriff wird heute verwendet für helle (d.h. weisse, gelbliche bis grüne), dichte, zähe, mikroskopisch feine Mineralgemenge, welche aus tief- bis mitteltemperierten *hydrothermalen* oder metamorphen Umwandlungen des Calcium-Feldspats *Plagioklas* hervorgehen. Sie können deshalb auch als Plagioklas-*Pseudomorphosen* verstanden werden (Kapitel 11).

Der Name Saussurit wurde vom Genfer Naturwissenschaftler Nicolas Théodore de Saussure (1767–1845, Abb. 3c) zu Ehren seines Vaters, dem oben erwähnten und berühmten Horace Bénédict de Saussure, gegeben, weil dieser dieses Mineralgemenge zusammen mit dem Smaragdit an den Allalin-Gabbro-Geröllen des Genferseegebietes erstmals

beschrieben hatte. Die Saussurite der Allalin-Gabbro-Gerölle des Genfersse-Gebietes erhielten auch noch die Bezeichnungen «Jade Suisse» oder «Lémanite» – mehr darüber ist im Kapitel 23 zu lesen.

Typische, an Tieftemperatur-Saussurit beteiligte Mineralien sind Zoisit/Epidot, Serizit, Calcit, Skapolith und weitere. Diese Saussurite sind in der Regel grünlich gefärbt. Weil es aber keine eindeutige Definition von Saussurit als ausschliessliches Tief- bis Mitteltempertur-Umwandlungsprodukt gibt, und weil der Begriff im Zusammenhang mit dem Allalin-Gabbro derart häufig genannt wird, habe ich mich entschieden, ihn für sämtliche feinstkörnigen Umwandlungsprodukte des Plagioklases im Allalin-Gabbro zu verwenden. Dies hielt übrigens auch Peter Bearth so, der die geologischen Grundlagen für die ganze Region um Saas-Fee-Zermatt gründlich erarbeitet hat (Kapitel 17). Bei den hohen Metamorphosegraden im Allalin-Gabbro entstanden als Umwandlungsprodukte die Mineralien Omphacit, Zoisit und Disthen. Die Farben der Saussurit-Gemenge im Allalin-Gabbro reichen von reinweissen über grüne bis zu blauen Farbtönen – je nach Menge und Zusammensetzung der beteiligten Mineralien – mehr dazu in Kapitel 11 und 16.

Forellenstein

Noch eine weitere nomenklatorische Kuriosität sei erwähnt: Gabbros, die nur aus Plagioklas und Olivin bestehen (Troktolithe, siehe Kapitel 5), weisen oft eine recht charakteristische Struktur auf, mit rundlichen, dunklen Olivinen in einer hellen Plagioklas-Matrix. Solche Gabbros sind im deutschen Harzgebirge anzutreffen und erinnerten die dortigen Geologen an die Musterung von Forellen – und schon war der leicht seltsame Name «Forellenstein» geboren. Im Allalin-Gabbro sind solche Forellenstein-Varietäten recht verbreitet (Abb. 3d).

Abb. 3d Sogenannter Forellenstein – metamorph Troktolith in Eklogitfazies

3

Portfolio **Die Pracht der Anschliffe**

Schönstes Gestein der Welt – vielleicht doch keine Anmassung?

«Die Schönheit der Dinge liegt in der Seele des Betrachters.»
(David Hume, Philosoph)

Sie können auf den folgenden 19 Seiten Nahaufnahmen von gesägten und polierten Anschnitten von Allalin-Gabbro-Stücken geniessen. Sie stammen alle vom Allalinhorn selbst, einige von den Aufschlüssen in den Wänden, die meisten jedoch aus der grossen Moräne zwischen Hohlaub- und Allalingletscher. Staunen Sie beim Betrachten darüber, dass alle Stücke zum gleichen Gestein gehören, das sich aufgrund der in Kapitel 15 zusammengefassten Faktoren in einer derart erstaunlichen farblich-strukturellen, chamäleonartigen Vielfalt zeigt! Alle Stücke stammen aus der Sammlung des Autors. Die verwendeten Begriffe und Mineralien werden im Verlaufe der folgenden Kapitel alle erläutert. Für die makroskopisch erkennbaren Mineralien können Sie die Beschreibungen in Kapitel 16 und Anhang F konsultieren.
Geniessen Sie jetzt einfach einmal dieses Panoptikum von ganz unterschiedlichen Ausprägungen des Allalin-Gabbros. Sie können nach der Lektüre des Buches die Fotos nochmals geniessen, weil Sie dann auch die Legendentexte ganz verstehen werden.

Abb. 4 Der Strahler und Mineralienhändler Toni Imhof aus Ried-Brig beim Sägen von Allalin-Gabbro-Stücken auf seiner Diamantsäge, die dann zu den schön polierten Anschliffen weiter bearbeitet werden.

Abb. 4a Der bekannteste Typus, ein Normalgabbro (kaum Olivin-Pseudomorphosen) mit froschgrünen Chrom-Omphacit-Pseudomorphosen nach Augit und weisslich dichtem Saussurit 2 (Plagioklas-Pseudomorphosen)

Abb. 4b Das gleiche Gestein wie in 4a – aber nicht in *Eklogitfazies* metamorph, sondern mit weitestgehend erhaltenem magmatischem Mineralbestand. Schwarz = Augit, die helle Masse ist ehemaliger Plagioklas. Die hellbräunlichen Partien sind noch erhaltener Plagioklas, die weisse Masse ist zu Saussurit 1 umgewandelt.

Abb. 4c Olivingabbro in Eklogitfazies metamorph. Grün = Omphacit-Talk-Pseudomorphosen nach Augit, weissliche Masse = Plagioklas-Pseudomorphosen (Saussurit 2). Die mit rotem Granat umrandeten Talk-Häufchen sind Pseudomorphosen nach Olivin.

Abb. 4d Das gleiche Gestein wie in 4c – aber nicht in Eklogitfazies metamorph, sondern mit weitestgehend erhaltenem magmatischem Mineralbestand. Schwarz = Augit. Die helle Masse ist ehemaliger Plagioklas in Form von Saussurit 1. Die mit einem feinen rötlichen Granatsaum umrandeten Bereiche sind Olivin, die im Kern noch erhalten sind. Zwischen Granat und Omphacit liegt ein grünlicher Saum von Orthopyroxen und Chlorit. Das ist typisch für das Coronastadium (Kap. 12).

Abb. 4e Grosses Prachtstück; erkennbar ist eine vertikal verlaufende magmatische Schichtung. Die Mineralogien sind dieselben wie in 4a und 4c. Die dünne, ehemals troktolithische Lage mit bläulichem Glaukophan im linken Teil ist plastisch deformiert, während der Rest des Stückes noch weitgehend die magmatische Struktur zeigt.

Abb. 4f Olivingabbro in Eklogitfazies. Hier sind die Olivine nicht wie in 4c zu Talk-Granat-, sondern zu schwarzen Talk-Magnesiumchloritoid-Pseudomorphosen umgewandelt.

Abb. 4g Ein fast trokolithischer Gabbro (magmatisch fast nur Plagioklas–Olivin) in Eklogitfazies. Hier liegen die Olivin-Pseudomorphosen als Glaukophan (+/–Talk) -Häufchen mit roten Granatsäumen vor. Der weisse Saussurit 2 ist um die Olivin-Pseudomorphosen grünlichblau verfärbt, was auf höhere Anteile an Glaukophan und Omphacit neben dem weissen Zoisit zurückzuführen ist.

Abb. 4h Ein komplexes Stück in Eklogitfazies, mit granatreichen Olivin-Pseudomorphosen und in der Mitte einer Kluftfüllung aus Omphacit und Zoisit.

Abb. 4i Ähnliches Stück wie Abb. 4a. Die ursprünglichen Formen der magmatischen Mineralien – v. a. die ehemaligen Plagioklase aus weissem Saussurit 2 – sind hervorragend erhalten. Die brekziöse Zone rechts könnte in einer frühen magmatischen Phase entstanden sein.

Abb. 4j Olivingabbro mit recht weitgehend grünschieferfaziell überprägten Pseudomorphosen: Weiss = Saussurit 3 (Plagioklas-Pseudomorphosen), blaugrün = Aktinolith (Olivin-Pseudomorphosen). Die sattgrünen Pseudomorphosen nach Augit bestehen noch teilweise aus eklogitfaziellem Chrom-Omphacit, nur randlich sind sie schon etwas in Aktinolith umgewandelt. Dies ist ein häufiger Übergangstypus von der Eklogit- zur Grünschieferfazies.

Abb. 4k Ähnlich wie Abb. 4j, jedoch mit etwas rotbraunen Granat-Relikten, praktisch keinem Chrom-Omphacit mehr, und mit stärkerer duktiler Verformung.

Abb. 4l Ebenfalls ähnlich zu Abb. 4j und 4k, jedoch noch stärker duktil zu eigentlichem «*Flasergabbro*» verformt. Die dunklen Adern aus blaugrüner Hornblende und Granat könnten ehemalige Basaltgängchen oder retrograd umgewandelte Omphacit-Adern sein.

Abb. 4m Eklogitfazieller Olivingabbro (analog zu 4c, 4e) mit bis 3 cm breiter Ader aus schwarzem Magnesiumchloritoid und etwas weissem Talk – entstanden während der Hochdruckmetamorphose in rund 90 km Tiefe (Kap. 9 und 12).

Abb. 4n Eklogitfazieller Metagabbro mit zwei Adern, schwarz aus Magnesiumchloritoid, grün aus Omphacit – beide bei der Hochdruckmetamorphose in 90 km Tiefe entstanden.

Abb. 4o Ähnliche Probe wie bei 4g. Eigenartigerweise zeigen die Olivin-Pseudomorphosen rötlichen Granat im Zentrum und Säume von lila Glaukophan – genau umgekehrt wie in 4g und generell üblich. Die vertikale Anhäufung der Olivin-Pseudomorphosen dürfte eine ursprünglich magmatische Olivinlage darstellen.

Abb. 4p Eine geologisch enorm bemerkenswerte Probe. Sie liegt vollständig in Eklogitfazies vor und zeigt eine erhaltene, magmatische gravitative Schichtung von unten dunklem Troktolith (fast nur Olivin) über immer plagioklasreicheren Zonen bis zu fast reinem Plagioklasgestein (= *Anorthosit*). Die Schichtung entstand durch Absinken der spezifisch schwereren Olivine im Magma. Anhand solcher Strukturen konnte das ehemalige Oben–Unten im Allalin-Gabbro ermittelt werden.

Abb. 4q Olivingabbro in Eklogitfazies. In diesem Stück bestehen die Olivin-Pseudomorphosen aus etwas heller grünem Omphacit mit dicken, rotbraunen Granatsäumen. Die Plagioklas-Pseudomorphosen (Saussurit 2) sind wegen höheren Gehalten an Omphacit grünlich.

Abb. 4r Eklogitfazieller, Eisen-Titan-reicher Gabbro. Die schwarzen Augite sind noch magmatisch erhalten, der Rest ist in Eklogitfazies rekristallisiert. Wegen des Eisenreichtums sind die Plagioklase zu gelbgrünem, epidotreichem Saussurit 2 umgewandelt. Der Titanreichtum widerspiegelt sich an dem in grosser Menge vorhandenen Rutil (Titanoxid, lilabraun schillernde Körner).

Abb. 4s Olivingabbro mit vollständiger grünschieferfazieller Überprägung. Die Olivin- und Augit-Pseudomorphosen sind zu Aggregaten aus Aktinolith und wenig Hellglimmer umgewandelt, die Plagioklase zu weissem Saussurit 3, bestehend im Wesentlichen aus Zoisit und Albit.

4b | 4c

4d
4e

4f
4g

4h | 4i

4j
4k

41

4 m

4n | 4o

4p | 4q

4r
4s

4

Wo bin ich zu finden?

Die geografische Lage des Allalin-Gabbros

Abb. 5 Topografische Karte mit der Lage des Allalin-Gabbros.

Es gibt recht viele Alpengesteine, die ihren Namen von einem Berg oder Bergmassiv haben. Beispiele? Mont-Blanc-Granit, Rotondo-Granit, Quinten-Kalk, Alv-Brekzie, Bernina-Diorit, Lischana-Brekzie oder, last but not least, der Dolomit. Bei kaum einem ist der Bezug so stark wie beim Allalin-Gabbro. Denn dieses Gestein baut einzig und allein das 4027 m hohe Allalinhorn zwischen Saas-Fee und Zermatt in den Walliser Hochalpen auf, und nimmt insbesondere dessen gesamte Süd- bis Ostwand ein (Abb. 6). Wobei es eine Einschränkung gibt: Die westliche Grenze zum darüberliegenden Nebengestein verläuft vom Vorgipfel am Hohlaubgrat schräg hinab nach Westen, was dazu führt, dass der Hauptgipfel selbst schon nicht mehr aus Allalin-Gabbro, sondern aus Grünschiefer besteht (Abb. 6d). Das ist ein Wermutstropfen, der verschmerzbar ist. In der Umgebung sind noch weitere kleine Gabbro-Linsen anzutreffen (z. B. bei der Lokalität «Mellichen» südlich der Täschhütte, am Nordgrat des Egginers oder an der Spitzen Fluh am Pfulwepass), die jedoch mengenmässig unbedeutend sind und die niemals die gleiche unglaubliche Heterogenität und Vielfalt der Erscheinungsformen aufweisen wie der Allalin-Gabbro.

Ein Grossteil liegt im Mittelland ...

Der Allalin-Gabbro bildet einen linsenförmigen Körper mit Ausmassen von rund 2 × 1 × 1 km und einem Volumen von rund 2 km^3 – heute. Wie gross der Gesteinskörper früher einmal war, muss Spekulation bleiben. Tatsache ist, dass sich in den eiszeitlichen Gletscher- und Flussablagerungen des Mittellands, von Wangen an der Aare im Osten bis über Genf hinaus im Westen, verbreitet Findlinge und Gerölle von Allalin-Gabbro finden (Kapitel 21). Deshalb dürfte der Gabbrokörper deutlich grösser gewesen sein als der heute am Berg verbliebene Rest. Auch kann nicht ausgeschlossen werden, dass neben dem heutigen Gabbro-Körper noch weitere ähnliche vorhanden waren.

Bestandteil der Ozeankrustendecke Zermatt–Saas

Der Allalin-Gabbro ist Teil einer bei der Alpenbildung durch Abscherung und Überschiebung gebildeten *Gesteinsdecke*, der Zermatt-Saas-Decke. Diese besteht fast ausschliesslich aus Fragmenten von *Ozeankruste* des sogenannten *Piemont-Ozeans*, der wiederum Teil des als «Alpiner *Tethysozean*» bezeichneten Meeressystems war. Dies wird in Kapitel 10 etwas vertieft. Die anderen Gesteine der Zermatt-Saas-Decke werden im Kapitel 6 vorgestellt.

Nachfolgende Doppelseite

Abb. 6a Aussicht vom Klein Allalin bei der Britanniahütte. Rechts das Allalinhorn (4027 m) mit dem vergleichsweise hellen Allalin-Gabbro, in der Mitte die dunkle Felswand des Rimpfischhorns (4199 m) aus Serpentinit und Metabasalt, links das Strahlhorn (4190 m).

Abb. 6b Blick von Osten auf die Südostwand des Allalinhorns – alles aus Allalin-Gabbro. Die nach rechts einfallende Bankung im linken unteren Teil der Wand ist durch *magmatische Schichtung* bedingt.

Abb. 6c Blick von der Moräne zwischen Hohlaub- und Allalingletscher zum Allalinhorn rechts und Rimpfischhorn links – mit einem grosskörnigen Allalin-Gabbro-Block im Vordergrund.

Abb. 6d Das Allalinhorn von SSW, vom Aufstieg zum Rimpfischhorn gesehen. Die Grenze zwischen dem braun anwitternden Allalin-Gabbro rechts und den steil darüberliegenden dunkel grüngrauen *Metabasalten* ist klar zu erkennen, ebenso eine kleine eingeschuppte Gabbro-Linse links der Bildmitte. Als Grössenmassstab mögen die kleinen «Bergsteiger-Ameisen» dienen.

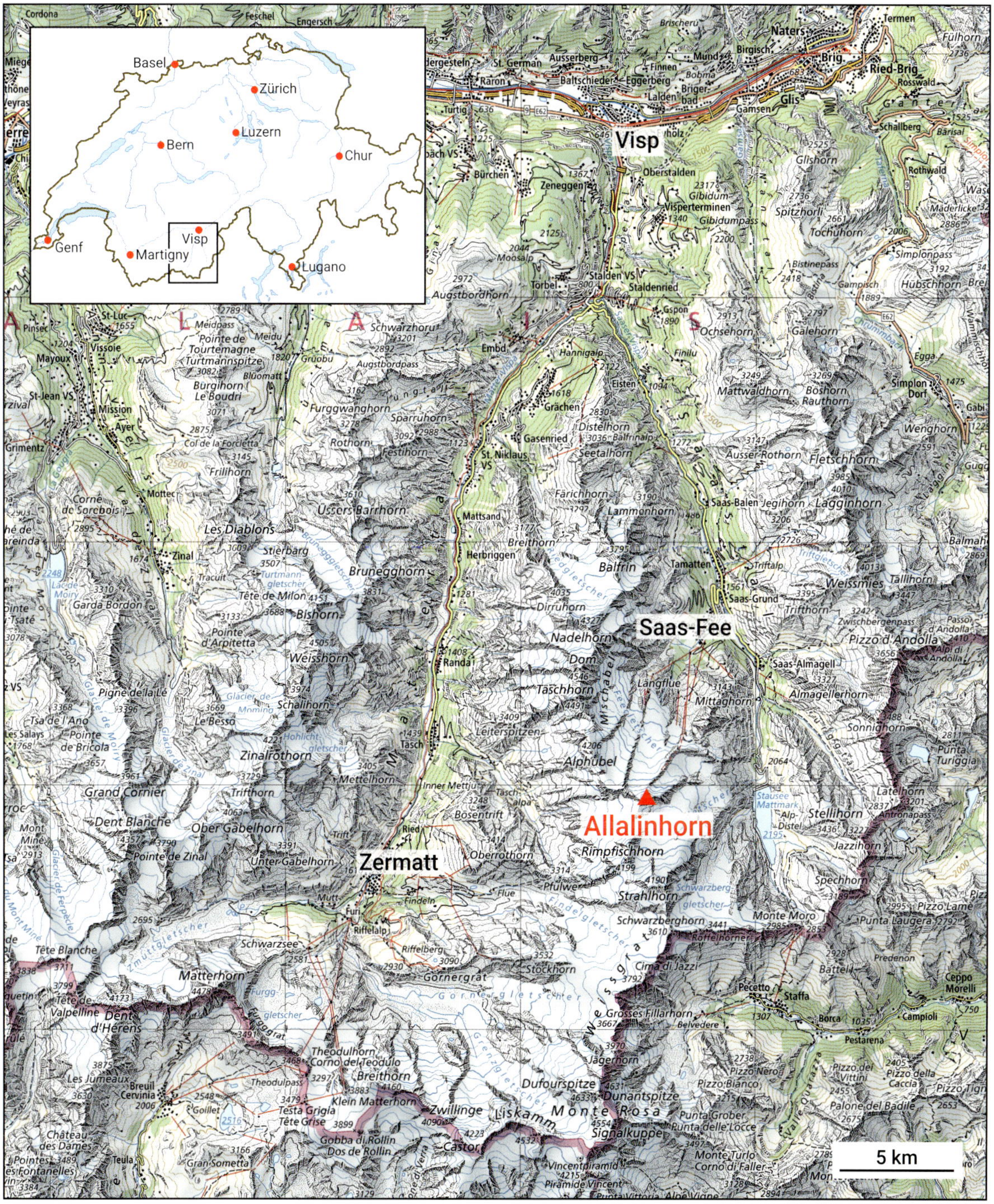
Basel
Zürich
Luzern
Bern
Chur
Genf
Visp
Martigny
Lugano
Visp
Saas-Fee
Zermatt
Allalinhorn
Matterhorn
Monte Rosa
5 km

6a | 6c
6b | 6d

5

Was ist eigentlich Gabbro?

Vom italienischen Dorf in die Ozeankruste

«Die Schlüssel zum Verständnis der Erdgeschichte liegen in den Tiefen der Erde, wo das Gestein die Zeugnisse von Millionen Jahren trägt.»
(Marie Tharp, Ozeangeologin)

Gabbro ist ein hübsches kleines Dorf in der Toskana, rund 12 Kilometer südöstlich von Livorno, eingebettet in den lieblichen Hügeln des Livornese (Abb. 7). Geologisch gesehen gehört das Dorf zum ligurischen Apennin. Der Apennin ist sozusagen das «topografische Rückgrat» des italienischen Stiefelschafts. Er ist, ähnlich wie die Alpen, ein Deckengebirge, das aus von Südwest nach Nordost übereinandergeschobenen Gesteinsdecken besteht. Bei beiden spielt die *adriatische Mikroplatte* die zentrale Rolle, diesem von Afrika abgespaltenen, spornartigen Gebilde. Während es im Alpenraum durch seine NW-Bewegung eine SO-NW-gerichtete Deckenstapelung bewirkte, führte die gleiche Bewegung im weiter südlich gelegenen Gebiet zu SW-NO-Überschiebungen. Im Alpenraum lagen zwischen Europa und *Adria* der Piemont-Ozean und die iberische Mikroplatte des «Briançonnais», welche beide gegen Südosten unter Adria subduziert wurden. Im Bereich des ligurischen Apennins lag zwischen Adria und Iberia die Fortsetzung des Piemont-Ozeans, dort als «Ligurischer Ozean» bezeichnet (Abb. 28). Hier wurde jedoch Adria gegen Südwesten unter Iberia subduziert; Stücke des Ozeanbodens wurden abgeschert und gegen Osten übereinandergestapelt. Hui, ist das kompliziert!

Abb. 7a Das Dorf Gabbro in den livornesischen Hügeln der Toskana. Frische Gabbroaufschlüsse sind wegen der starken Vegetation und Verwitterung kaum zu finden.

Abb. 7b Hier geht's zum Dorf….

7a 7b

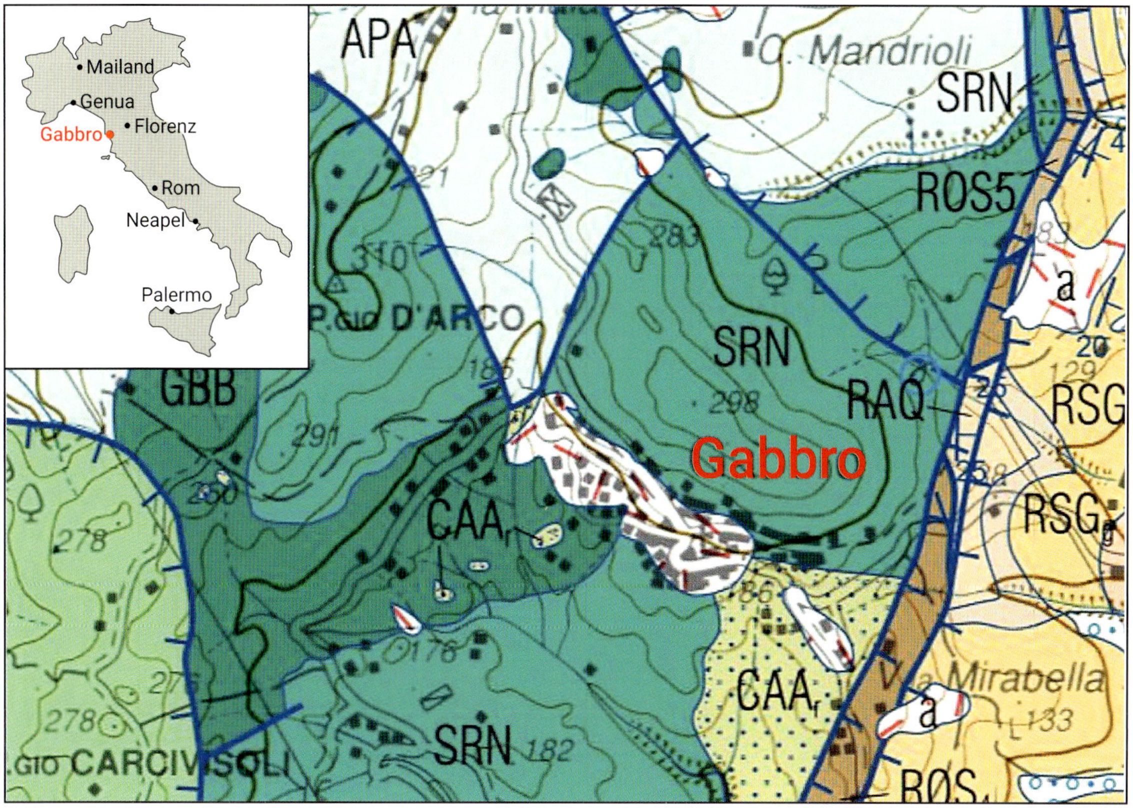

Abb. 8 Ausschnitt aus der geologischen Karte 1:50 000 des italienischen geologischen Dienstes, Blatt Rosignano Marittimo (Toskana), rund um das Dorf Gabbro. Die Bildbreite beträgt 3 km. Helleres Blaugrün SRN = Serpentinite, dunkleres Grün GBB = Gabbro. Die restlichen Farben sind Sedimentgesteine. Gabbro und Serpentinite bilden Teil einer Ophiolithdecke des Apennins.

Gabbro aus Gabbro?

Zurück zum Dorf Gabbro und dessen Beziehung zum Gesteinsnamen. Gemeinhin wird der deutsche Geologe Leopold von Buch (1774–1853) damit in Verbindung gebracht. Dieser war zu Beginn des 19. Jahrhunderts auf geologischer Forschungsreise in der Toskana und fand in der Umgebung des Dorfes Gabbro ein grobkörniges Tiefengestein, das völlig anders zusammengesetzt war als der damals schon gut bekannte Granit, nämlich aus weissem Plagioklas-Feldspat, schwarzem Augit-Pyroxen und manchmal noch Olivin. Ob das Gestein von den Einheimischen schon als Gabbro bezeichnet wurde, bleibt unklar. Von Buch soll dieses Gestein dann als Gabbro in die wissenschaftliche Literatur eingeführt haben. Eine Internetrecherche ergibt, dass der Begriff ‹Gabbro› im 19. Jahrhundert vom italienischen Geologen Ferdinando Monticelli geprägt wurde. Der Name leitet sich vom italienischen Wort ‹Gabbro› ab, was ‹dunkler Fels› oder ‹schwarzer Stein› bedeutet». Das Dorf Gabbro soll schon im Jahre 1312 erstmals schriftlich erwähnt worden sein.

Kruste – Lithosphäre – Mantel: Ein kleiner Abstecher in den Aufbau der äussersten Erdschichten

Bevor ich Ihnen weiter über den Gabbro berichte, nehme ich Sie zu einem sehr kurzen Crashkurs über den Aufbau der äussersten Erdschichten mit. Dies, weil darüber immer wieder Verwirrung und Missverständnisse auftreten, und weil es für das Verständnis des Gesteins Gabbro wichtig ist.

Sie wissen wohl, dass unser Planet Erde von innen nach aussen in Kern – Mantel – Kruste unterteilt wird, und dass die Kruste vergleichsweise sehr dünn ist. Das wäre ganz einfach, wenn da nicht die Krux mit dem Begriff «Kruste» wäre. Diese wird von Laien normalerweise mit der festen Hülle der Erde gleichgesetzt, welche ja aus beweglichen Platten besteht, die sich mit Zentimeter-Geschwindigkeiten bewegen; und zwar an den mittelozeanischen Spreizungszonen auseinander, an den Subduktionszonen gegeneinander und an grossen Bruchzonen wie dem San Andreas-Fault aneinander vorbei. Doch leider ist dem nicht so. Die Gesteinskruste der Erde ist noch fest mit einem Stück des oberen Erdmantels verbunden, welches noch relativ kühl ist und deshalb ganz aus festem Gestein besteht. Diese oberste Mantelschicht von rund 100 km Dicke und die darüber fest damit verbundene Kruste bilden die sogenannte «Lithosphäre», also die «Gesteinssphäre». Diese Lithosphäre bildet die herumdriftenden tektonischen Platten. Der Mantelanteil wird als «Mantel-Lithosphäre» bezeichnet. Der Erdmantel unterscheidet sich chemisch und mineralogisch deutlich von der Kruste. Er besteht aus einem Gestein namens Peridotit, das aus viel *Olivin* und untergeordnet aus *Pyroxen* besteht. Deswegen ist die Gesteinsgrenze zwischen Kruste und Mantellithosphäre *seismisch* sehr gut zu erkennen. Dies hat der kroatische Geophysiker Andrija Mohorovičić (1857–1936) erstmals erkannt, und seither wird diese Grenze kurz «Moho» genannt. Die feste Schicht der Mantel-Lithosphäre geht dann gegen unten, wo es heisser wird, in eine Mantelschicht über, welche weich und plastisch ist, und auf welcher die Lithosphärenplatten herumdriften können. Diese Schicht wird Asthenosphäre genannt.

Kontinentale und ozeanische Lithosphäre?

Wie immer in der Geologie: Es kommt noch bunter! Denn es gibt nicht nur eine Sorte von fester Gesteinshülle – eben die Lithosphäre – sondern zwei grundsätzlich verschiedene. Auch auf diese muss kurz eingegangen werden, damit Sie verstehen, was es mit dem Gabbro auf sich hat.

Werfen Sie einen Blick auf die Weltkarte der Abb. 9. Diese Karte, erstmals 1977 in den USA veröffentlicht, trug entscheidend zum Durchbruch der *Plattentektonik* bei, dieser umfassenden Erklärung über das Funktionieren des gesamten Erdsystems. Denn sie zeigte erstmals die Topografie der gesamten Erdoberfläche, welche bis dahin zu zwei Dritteln unbekannt war, weil sie von den Ozeanen verdeckt wurde. Seither wissen wir, dass die Welt, wie wir sie kennen, ein höchst vorübergehender Zustand ist, denn die Erdplatten wandern ständig. Neue Erdkruste entsteht an den mittelozeanischen Rücken, andere wird an Subduktionszonen wieder in den Erdmantel hinuntergezogen, und zwischen kollidierenden Kontinenten entstehen Kollisionsgebirge wie die Alpen oder der Himalaya.

Die Entstehungsgeschichte dieser Karte ist eine Art wissenschaftlicher Geologen-Thriller, bei dem eine geniale Frau, Mary Tharp, die Hauptrolle spielte. Ich würde diese Geschichte hier liebend gern zusammenfassen, aber das würde den Rahmen dieses Buches sprengen. So lege ich Ihnen, sofern Sie der englischen Sprache mächtig sind, die Biografie über diese Wissenschaftlerin sehr ans Herz: «Soundings. The story of the remarkable women who mapped the ocean floor».

Nur allein der schnelle Blick auf diese Karte lässt erahnen, dass die Geologie der Kontinente und der Ozeanbecken grundsätzlich verschieden ist. Heute wissen wir, dass Ozeankruste – und damit rund zwei Drittel der äusseren Erdhülle – wesentlich anders und einfacher aufgebaut ist als die Kruste der Kontinente, welche seit der Frühzeit der Erde langsam durch Kollision und Gebirgsbildung, Akkretion und Vulkanismus zu hochkomplexen Gebilden heranwuchs.

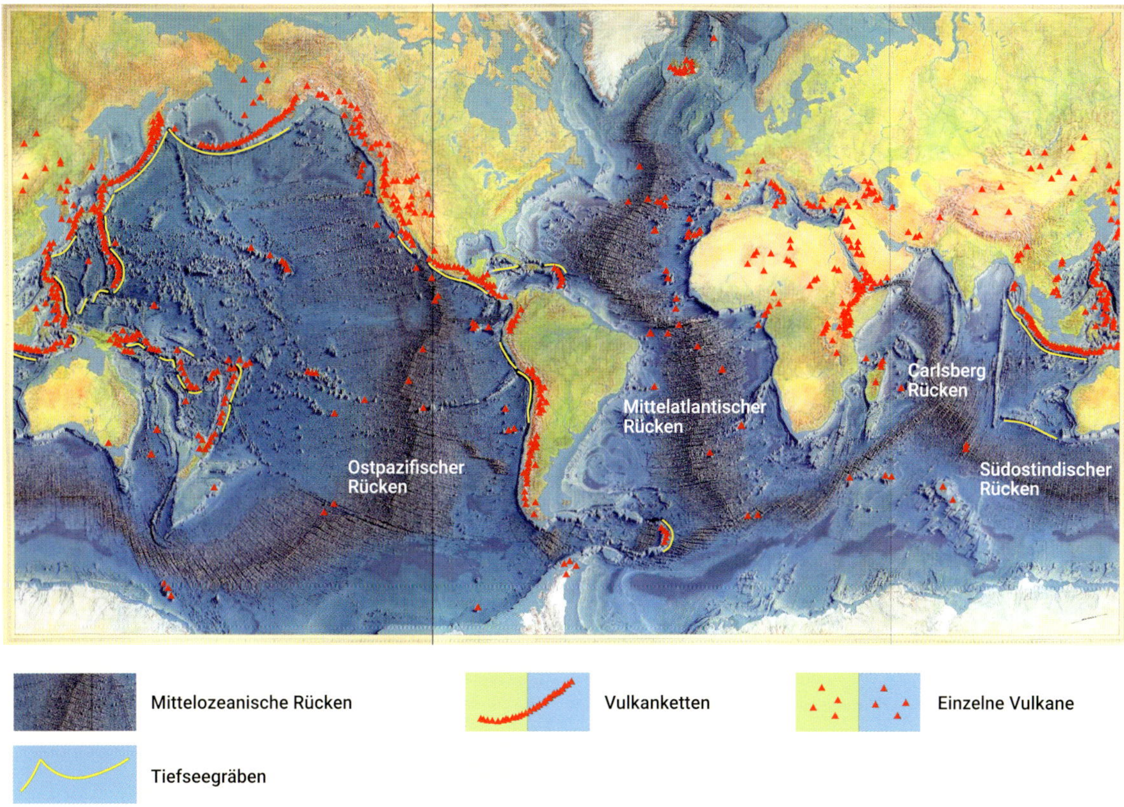

Abb. 9 Die berühmte «World Ocean Floor Map». Darüber gezeichnet zeigen die gelben Linien die heute aktiven Subduktionszonen mit Tiefseegräben, die roten Dreiecke die heute aktiven Vulkane.

Tabelle 1 **Unterschiede zwischen den beiden Krustentypen**

Kriterien (Mittelwerte)	**Kontinentale Kruste**	**Ozeanische Kruste**
Dicke	30–50 km	5–8 km
Dichte (g/cm^3)	2,8 g/cm^3	3,2 g/cm^3
Gesteinsinhalte	Überwiegend granitische Gesteine und Gneise, im unteren Teil auch Granulite und **Gabbros**; auch Sedimentgesteine und im Prinzip die gesamte bekannte Gesteinsvielfalt	Mit grossem M beginnen magmatische Gesteine basaltischer Zusammensetzung: Basalt, Dolerit, Gabbro; darüber mehr oder weniger Tiefsee-Sedimentgesteine
Aufbau	Hochkomplex und vielfältig	Einfach, von oben nach unten: ± Sedimente, Basaltschicht – Gangkomplex (Dolerit) – **Gabbro**schicht
Topografie	Liegt wegen der grösseren Dicke und relativ tiefer Dichte höher und bildet die Landmassen und Gebirge über dem Meeresspiegel	Liegt wegen geringer Dicke und relativ hoher Dichte tief, bildet deswegen die Ozeanbecken
Alter	Ältestes Gestein über 4000 Mio. J.	Maximal 180 Mio. J. (Unterjura, im nordwestlichen Pazifik)
Entstehung	Anlagerung (Akkretion), Gebirgsbildung, Vulkanismus, Sedimentation, über die ganze Erdgeschichte verteilte Prozesse. Die Kontinentmassen wurden und werden sukzessive grösser	An den mittelozeanischen Spreizungszonen (Rücken, Abb. 10): Verfestigung von aus dem oberen Mantel aufsteigendem basaltischem Magma, das aus Teilschmelzung von Mantel-Peridotit entsteht
Vergehen	Bleibt zum allergrössten Teil für immer erhalten	Wird an Subduktionszonen in den Erdmantel gezogen und langsam wieder aufgeschmolzen. Nur vereinzelte Stücke werden bei Gebirgsbildungen in Kontinente integriert (= **Ophiolithe**)
Darunterliegende Mantellithosphäre	Rund 100 km, Peridotitgestein	Rund 100 km, Peridotitgestein

Haben Sie in der obigen Tabelle den Gabbro entdeckt? Ozeankruste entsteht also ständig neu an den mittelozeanischen Rücken (Abb. 10), diesem weltumspannenden, rund 60 000 km langen, untermeerischen Gebirgszügen mit ihren zentralen *Grabenbrüchen*. Dort steigt überheisses (1200–1400 °C) Erdmantelgestein – *Peridotit* – langsam auf und beginnt infolge der Druckentlastung teilweise aufzuschmelzen. Diese Schmelzen (Magmen) haben eine basaltische Zusammensetzung (Tab. 2).

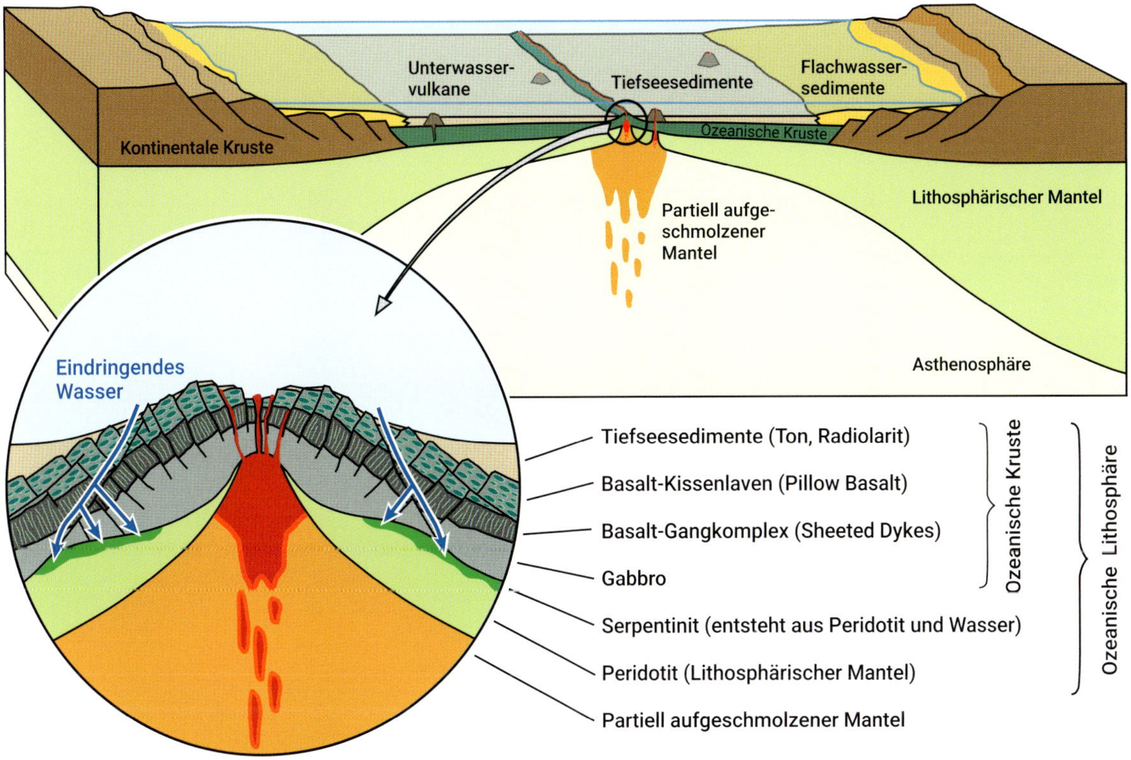

Abb. 10 Schematisches Profil durch einen mittelozeanischen Rücken vom Typus Atlantik, mit den im Text besprochenen Phänomenen.

Was heisst «basaltische Zusammensetzung»?

Auch hierbei sei ein kleiner «Anlauf» gestattet. Die kontinentale Kruste besteht – stark vereinfacht ausgedrückt – zu einem grossen Teil aus Gesteinen der *Granitfamilie* sowie aus verschiedenartigen *Gneisen* (und etwas Sedimentgesteinen). Wenn solche Gesteine aufzuschmelzen beginnen, entstehen Magmen mit granitischer Zusammensetzung. Diese bestehen wiederum zu rund 70–75 % aus Siliziumoxid SiO_2, dazu bedeutenden Anteilen von Kalium, Natrium und Aluminium (Tab. 2 A). Das Gestein des Erdmantels hingegen, der Peridotit, hat eine ganz andere Zusammensetzung. Er enthält nur rund 40–44 % SiO_2, wenig Aluminium, kaum Kalium und Natrium, dafür viel mehr Magnesium und Eisen (Tab. 2 B). Wenn solches Peridotitgestein unter einem mittelozeanischen Rücken aufsteigt und infolge der Druckentlastung teilweise aufschmilzt, hat das entstehende Magma dann eine Zusammensetzung mit 50–55 % SiO_2, höheren Anteilen an Aluminium, Calcium und Natrium, und tieferen an Magnesium und Eisen (Tab. 2 C). Treten solche Magmen an der Erdoberfläche oder an den Ozeanböden aus, verfestigen sie sich zum allseits bekannten Vulkangestein Basalt – dem weitaus häufigsten Vulkangestein der Welt. Deswegen nennt man auch die aus Peridotit entstehenden Gesteinsschmelzen «basaltische

Tabelle 2 **Chemische Zusammensetzungen der diskutierten Gesteine. Diese sind ohne Fluidgehalt (meist Wasser) auf 100 % gerechnet, angegeben in Gewichtsprozenten**

	A. Granit	B. Peridotit	C. Basalt	D. Gabbro	E Allalin-Gabbro
	S-Typ-Granit	kontinentale Lithosphäre	Mittelwert für Mittelozean. Rücken	Aus kont./ozean. Kruste	Mittelwert von 10 versch. Proben
SiO_2	75,01	44,2	50,64	50,61	49,02
TiO_2	0,15	0,09	1,85	1,00	0,25
Al_2O_3	14,99	2,28	13,89	16,28	17,90
Fe_2O_3	1,21	8,55	12,06	7,74	5,90
MnO	0,03	0,14	0,20	0,15	0,12
MgO	0,37	41,60	7,11	8,24	10,84
CaO	0,77	2,16	10,78	10,45	10,25
Na_2O	3,25	0,24	2,91	2,69	3,42
K_2O	3,85	0,05	0,12	0,47	0,08
P_2O_5	0,12	0,06	0,15	0,26	0,24
Rest	0,15	0,22	0,29	2,11	1,98
Summe	100,00	100,00	100,00	100,00	100,00
Quelle	1	2	3	4	5

Die Daten stammen aus verschiedenen Lehrbüchern und Publikationen.

Schmelzen» (bzw. «Magmen»). Da an den mittelozeanischen Rücken laufend solche basaltischen Schmelzen zu Basalten erstarren, bestehen die Ozeanböden alle aus Basalt (Tab. 2C). Das macht dieses Gestein zum flächenmässig bedeutendsten Gestein der Erdoberfläche. Aber nicht nur an den Ozeanböden gibt es Basalt; auch riesige Gebiete auf den Kontinenten bestehen daraus, etwa in Indien, Sibirien, Südamerika und Südafrika. Diese gewaltigen Basaltausbrüche entstanden, als Kontinente zu zerreissen begannen und bevor sich eigentliche Ozeankruste bilden konnte. Andere hängen mit sogenannten Hot Spots zusammen.

Was soll all dieses «Basaltieren»?

Sie möchten doch endlich wissen, was Gabbro ist! Hier kommt er, der langen Rede kurzer Sinn: Gabbro ist eigentlich dasselbe Gestein wie Basalt. Er bildet sich ebenfalls aus basaltischem Magma, hat damit dieselbe chemische und mineralogische Zusammensetzung. Er entsteht ebenfalls vor allem an mittelozeanischen Rücken und bildet damit einen wichtigen Teil der Ozeankruste (Tab. 2D). Der einzige Unterschied zu Basalt: Er blieb in einigen Kilometern Tiefe in der *Magmakammer* stecken und kühlte dort ganz langsam ab – nicht wie Basalt, der am Ozeanboden (oder an der Erdoberfläche) innert kürzester Zeit erstarrte. Deshalb konnten in der Schmelze die kristallisierenden Mineralien schön langsam wachsen – bis zu Grössen von über 1 cm – und sich nach und nach zu einem plutonischen Gestein verzahnen – eben dem Gabbro. Also unterscheiden sich Basalt und Gabbro nur in ihrer äusseren Erscheinungsweise (Abb. 13)! Basalt ist der Vulkanit, Gabbro das Tiefengestein (auch Plutonit genannt, so benannt nach Pluto, dem griechischen Gott der Unterwelt). Sie können aus der Tabelle 2 erkennen, dass Basalt, Gabbro und der Allalin-Gabbro sehr nahe beieinanderliegende chemische Zusammensetzungen haben, welche sich klar von Peridotit und Granit unterscheiden.

So weit, so gut – aber aus welchen Mineralien besteht nun Gabbro?

Lassen Sie mich wieder kurz Anlauf nehmen. Das häufigste Tiefengestein der kontinentalen Kruste ist Granit. Er besteht aus den vier Mineralien *Kalifeldspat* (=Orthoklas), dem Ca-Na-*Feldspat Plagioklas*, *Quarz* und *Glimmer* (Abb. 11). Wer kennt nicht das Merksprüchlein «Feldspat, Quarz und Glimmer – das vergess' ich nimmer!» Aus den Alpen kennen Sie vielleicht den einen oder anderen Granitkörper, etwa den Zentralen Aaregranit, den Mont-Blanc-, Bernina- oder Bergeller-Granit.

Abb. 11 Einfaches Klassifikationsschema für magmatische Gesteine. Die Einteilung erfolgt hier anhand der Mengenanteile der wichtigsten beteiligten Mineralien. Die jeweiligen plutonischen und vulkanischen Äquivalentgesteine sind eingetragen.

Das einzige Mineral, das sowohl in Granit als auch in Gabbro vorkommt, ist der weisse bis hellgrünliche Plagioklas-Feldspat.

Es gibt im Gabbro keinen Kalifeldspat, Quarz oder Biotit. Das wichtigste Gabbromineral ist der schwarze *Augit*. Das ist der wichtigste Vertreter der *Pyroxen*-Mineralfamilie, ein Ca-Mg-Fe-Silikat (Abb. 14b). Dazu gesellt sich noch ein Plagioklas-Feldspat; im Gegensatz zum Plagioklas der Granite, der eher natriumreich ist, sind die Gabbro-Plagioklase calciumreich. Das schlägt sich in den Ca- und Na-Gehalten in den chemischen Zusammensetzungen der Tabelle 2 ja deutlich nieder.

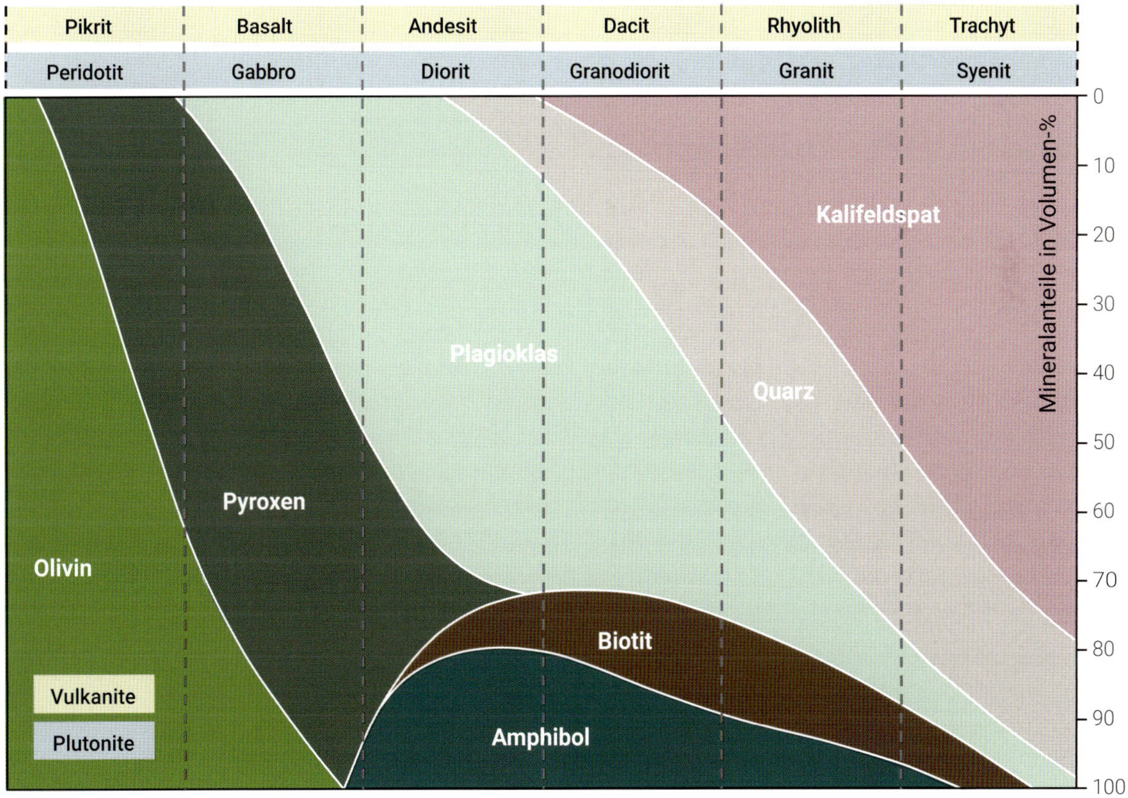

13a 13b

So kommen Gabbros als schwarz-weiss gesprenkelte Gesteine daher, sozusagen die Zebras der Gesteinswelt (Abb 13a und 14). Als weiteres Mineral ist oft noch *Olivin* dabei, das grüne Mg-Fe-Silikat – das ja das Hauptmineral des Erdmantelgesteins Peridotit ist. In den Gabbros kann es sozusagen als «Reminiszenz» aus dem teilweisen Aufschmelzen von Peridotit angesehen werden. Olivin ist in frischem Zustand schön hellgrün und transparent. Das Mineral ist jedoch extrem anfällig auf sekundäre Umwandlungen, vor allem durch Reaktion mit (heissen) Wässern. Dabei wird der Olivin hydratisiert zum Umwandlungsprodukt Serpentin. Dies ist ein reines Mg-Silikatmineral mit bedeutenden Anteilen von gebundenem Wasser im Kristallgitter. Serpentin erscheint makroskopisch dunkelgrün bis schwarz. Deshalb sind die Olivine in Gabbros meist auch schwarzgrün bis schwärzlich (Abb. 31a, 39c).

Manche Gabbros enthalten zudem auch noch eine zweite Pyroxenart, den makroskopisch kupferfarbenen *Orthopyroxen*. Diese Varietäten werden als Norite bezeichnet.

Für die Kenner: Als weitere Bestandteile können noch folgende Mineralien in meist geringen Anteilen vorkommen: *Hornblende*, *Erzmineralien*, *Zirkon*, Apatit.

Fazit: Gabbro ist das Tiefengestein mit basaltischer Zusammensetzung, bestehend aus schwarzem Augit, weissem bis grünlichem Plagioklas und manchmal noch grünem bis grünschwarz serpentinisiertem Olivin und/oder Orthopyroxen.

Abb. 13a und **b** Magmatische Gesteine mit basaltischer Zusammensetzung. a) plutonische Varietät = Gabbro, b) vulkanische Varietät = Basalt.

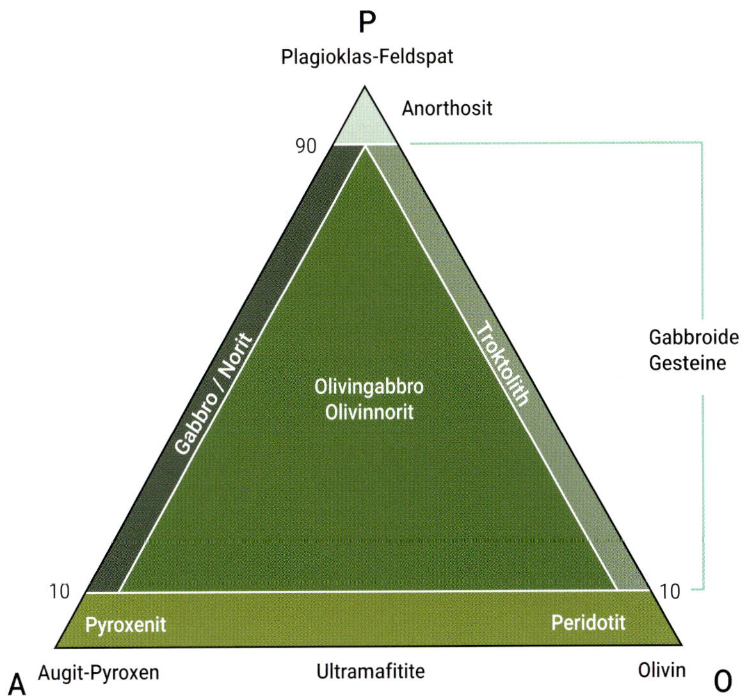

Abb. 12 Einteilungs-Dreieck für Gabbrogesteine, mit den im Buch verwendeten wichtigsten Gabbrotypen und deren Namen.

Das Gabbro-Dreieck

Gabbro kann also aus allen möglichen Mischungen der drei Mineralien Plagioklas (P) – Augit (A) – Olivin (O) bestehen. Das kann in einem Dreieck P-A-O dargestellt werden. Damit man die verschiedenen möglichen Zusammensetzungen anstatt umständlich mit drei Prozentzahlen %P – %A – %O angeben kann, wurde dieses Dreieck noch in Felder unterteilt, denen spezifische Namen gegeben wurden (Abb. 12). Im Allalin-Gabbro findet man sämtliche mögliche Zusammensetzungen – doch davon später. Alle diese Bezeichnungen der verschiedenen Gabbro-Varietäten werden fortan auch in diesem Buch benutzt.

Zum Abschluss dieses grossen «Gabbro-Kapitels» seien noch zwei Ergänzungen angefügt:

— Gabbro kann nicht nur in Ozeankruste entstehen. Er bildet sich auch in tieferen Lagen der kontinentalen Erdkruste durch Teilaufschmelzung von Mantelperidotit. Ein solches Vorkommen ist etwa in der sogenannten Ivreazone in den piemontesischen Südalpen zu finden, einem keilförmigen Stück tiefer Erdkruste, welches bei der Alpenbildung hochgepresst wurde. Oft bilden sich solche Unterkrusten-Gabbro*intrusionen* in den Initialstadien der Aufspaltung von grossen Kontinentalplatten, sog. «Underplating». So werden heute die Gabbros der Ivreazone der Zerdehnung zwischen Gondwana (mit Afrika-Südamerika) und Laurasia (mit Nordame-

14a **14b**

rika-Eurasien) in der Permzeit vor rund 290–270 Mio. J. zugeschrieben. Ein ähnliches Gabbrovorkommen ist die Skaergaard-*Intrusion* in Ostgrönland, die bei der Öffnung des Nordatlantiks vor rund 55 Mio. J. entstand. In älteren Kontinentteilen kommen riesige plutonische Intrusionskomplexe vor, welche reich an Gabbro-Gesteinen sind. Einer der bekanntesten ist der 2060 Mio. J. alte Bushveld-Komplex in Südafrika, welcher eine Fläche von rund 110 000 km^2 einnimmt und bis 8 km mächtig ist. Aus solchen gewaltigen gabbroiden Intrusionskomplexen stammen auch die meisten Gabbro-Nutzgesteine, die heute noch weit verbreitet als Fassadensteine, Küchen- und Bad-Gesteine etc. verwendet werden. Ein Beispiel ist der «Nero Impala» aus dem Bushveld-Komplex (Abb. 14d).

— Bei Gebirgsbildungen, bei denen ozeanische Lithosphäre subduziert wird, bis die beiden aufeinander zu driftenden Kontinentteile zusammenstossen, werden immer Späne der abtauchenden ozeanischen Lithosphäre abgeschert und in das werdende Gebirgsgebäude integriert, damit angehoben und in den jeweiligen Gebirgen zugänglich. Es handelt sich dabei sozusagen um «an Land entwischte» Ozeangesteine. Solche Serien nannten die Geologen «Ophiolithe», lange bevor sie ab den 1960er-Jahren erkannten, dass es sich dabei um Stücke von verschwundener Ozeanlithosphäre handelt. Ophiolithe bestehen deshalb immer aus Anteilen von Basalt, Gabbro und dem Mantellithosphären-Gestein Peridotit. Dieser liegt allerdings praktisch nie als magmatischer Peridotit vor, sondern meist als Serpentinit. Mantel-

14c 14d

peridotit ist sehr instabil bei tiefen Temperaturen und Drucken, und insbesondere bei Kontakt mit Wasser bzw. Tiefengrundwasser wandelt er sich sofort in Serpentinit um. So finden sich in der Umgebung des Dorfes Gabbro nicht nur Gabbro-Vorkommen, sondern vor allem Serpentinite und Basaltgesteine, dazu etwas Tiefseesedimente (für die Kenner: *Radiolarite*). Also handelt es sich dort um eine Ophiolith-Einheit, welche sich in der Jurazeit im Ozeanbecken zwischen dem damaligen Europa und Adria/Afrika gebildet hat, und bei der Bildung des Apenningebirges in dieses eingeschuppt wurde.

Und der Allalin-Gabbro? Das können Sie im nächsten Kapitel nachlesen!

Abb. 14a Gabbro aus der Umgebung des Dorfes Gabbro. Der schwarzgraue magmatische Pyroxen (Augit) ist weitgehend frisch, der weissliche Plagioklas ist teilweise saussuritisiert – wohl Folgen einer ozeanischen Metamorphose.

Abb. 14b Gabbro aus der gigantischen Ophiolithdecke von Oman, mit grobkörnigen pegmatoiden Nestern analog zu denjenigen, welche im Allalin-Gabbro auch anzutreffen sind.

Abb. 14c Frischer Gabbro aus Oman, mit magmatisch gebildeter Schichtung

Abb. 14d Eines der vielen weit verbreiteten Gabbro-Nutzgesteine, der «Nero Impala» aus Südafrika.

6

Wer sind meine Nachbarn?

Der Allalin-Gabbro als Teil eines alten Ozeanbodens?

«Was den Geist auszeichnet ist nicht der Besitz von Wissen, sondern die Suche nach Wissen.»
(Albert Einstein)

Das Allalinhorn (4027 m) bildet zusammen mit dem Strahlhorn (4190 m) und Rimpfischhorn (4199 m) eine eigenständige Dreier-Berggruppe von Viertausendern. Sozusagen als «Satellitengipfel» können dazu noch gezählt werden die Dreitausender Egginer, Feekopf, Flucht- und Adlerhorn (s. Abb. 15 bis 18). Wohl nicht zufällig bildet diese Gruppe auch eine geologisch-tektonische Einheit – sie liegt vollständig in der Zermatt-Saas-*Decke* (Abb. 26, 27). *Decken* als übereinandergeschobene Gesteinspakete sind ja das grundlegende Bauelement der Alpen. Auf die Decken- und Faltenstruktur des Gebietes wird in Kapitel 10 eingegangen. Im Wesentlichen kommen in der Zermatt-Saas-Decke drei Gesteinsarten vor, welche die ursprüngliche Ozean-Lithosphäre des Piemont-Ozeans, einem Teil des alpinen Tethys-Meeressystems, aufgebaut haben: Basalt, Gabbro und Serpentinit (hydratisierter Peridotit). Damit stellt die Zermatt-Saas-Decke eine klassische Ophiolith-Decke dar, die uns über Struktur und Zusammensetzung der ozeanischen Lithosphäre des Piemont-Ozeans Auskunft gibt (s. auch Kapitel 5 und 10).

Unser Allalin-Gabbro ist also Teil einer grossen Ophiolith-Decke, die Zermatt-Saas-Decke genannt wird. Diese setzt sich auf der italienischen Seite bis zum Monte Viso-Massiv und weiter bis in die Ligurischen Alpen fort, wird dort sogar noch wesentlich breiter und mächtiger.

Auf der geologischen Karte der Abb. 15, dem geologischen Panorama vom Klein Allalin bei der Britanniahütte (Abb. 16) und dem geologischen Profil der Abb. 17 ist die Verteilung der drei Ophiolithgesteine im Gebiet um das Allalinhorn herum erkennbar. Beispiele dieser Nachbargesteine sehen Sie in Abb. 18. Wie es für in Gebirge einverleibte Ophiolith-Sequenzen typisch ist, wurde bei den Gebirgsbildungsvorgängen die ursprünglich einfache Abfolge von unten nach oben, also Serpentinit–Gabbro–Dolerit–Basalt–Sedimentgesteine arg «zerzaust». Deshalb trifft man im Gelände eine Abfolge von Spänen der verschiedenen Gesteinsarten ohne den ursprünglichen Zusammenhang an. Dies wird aus dem einfachen geologischen Profil der Abb. 17 klar ersichtlich.

Weitere Gabbros der Zermatt-Saas-Decke

Es gibt in der Zermatt-Saas-Decke noch weitere Metagabbro-Körper. Diese sind wesentlich kleiner als der Allalin-Gabbro. Beispiele sind etwa die Metagabbros am Nordgrat des Egginers (Abb. 18b), an der Spitzen Fluh (Abb. 18c), bei der Fluhalp oder beim Trockenen Steg. Diese Gabbro-Körper unterscheiden sich nicht nur in ihrer geringeren Grösse vom Allalin-Gabbro. Sie zeigen auch nie die gewaltige strukturelle und mineralogische Vielfalt des Allalin-Gabbros. Es handelt sich meist um ziemlich homogene Normalgabbros (Augit und Plagioklas als primärmagmatische Mineralien), die fast vollständig grünschieferfaziell überprägt und stark plastisch zu *Flasergabbros* deformiert sind

Abb. 15 Ausschnitt aus der geologischen Detailkarte 1:25 000 von Peter Bearth (s. Kap. 17). Die Umrisse der grosstektonischen Einheiten (Decken) sind darüber gezeichnet und beschriftet. Die Karte wurde im Jahr 1954 (rechter Teil) und 1964 (linker Teil) publiziert, und zeigt deshalb die Gletscherstände von damals. Wer an der Detaillegende für alle dargestellten Gesteine interessiert ist, kann diese auf map.geo.admin.ch leicht finden. Hier nur so viel: Die Ophiolith-Gesteine der Zermatt-Saas-Decke sind in grünen Farben gehalten. Olivgrün = Serpentinit; mittelgrün, zuweilen mit roten Punkten = Metabasalt. Der Allalin-Gabbro ist in dunklerem Grün mit blauen Punkten dargestellt.

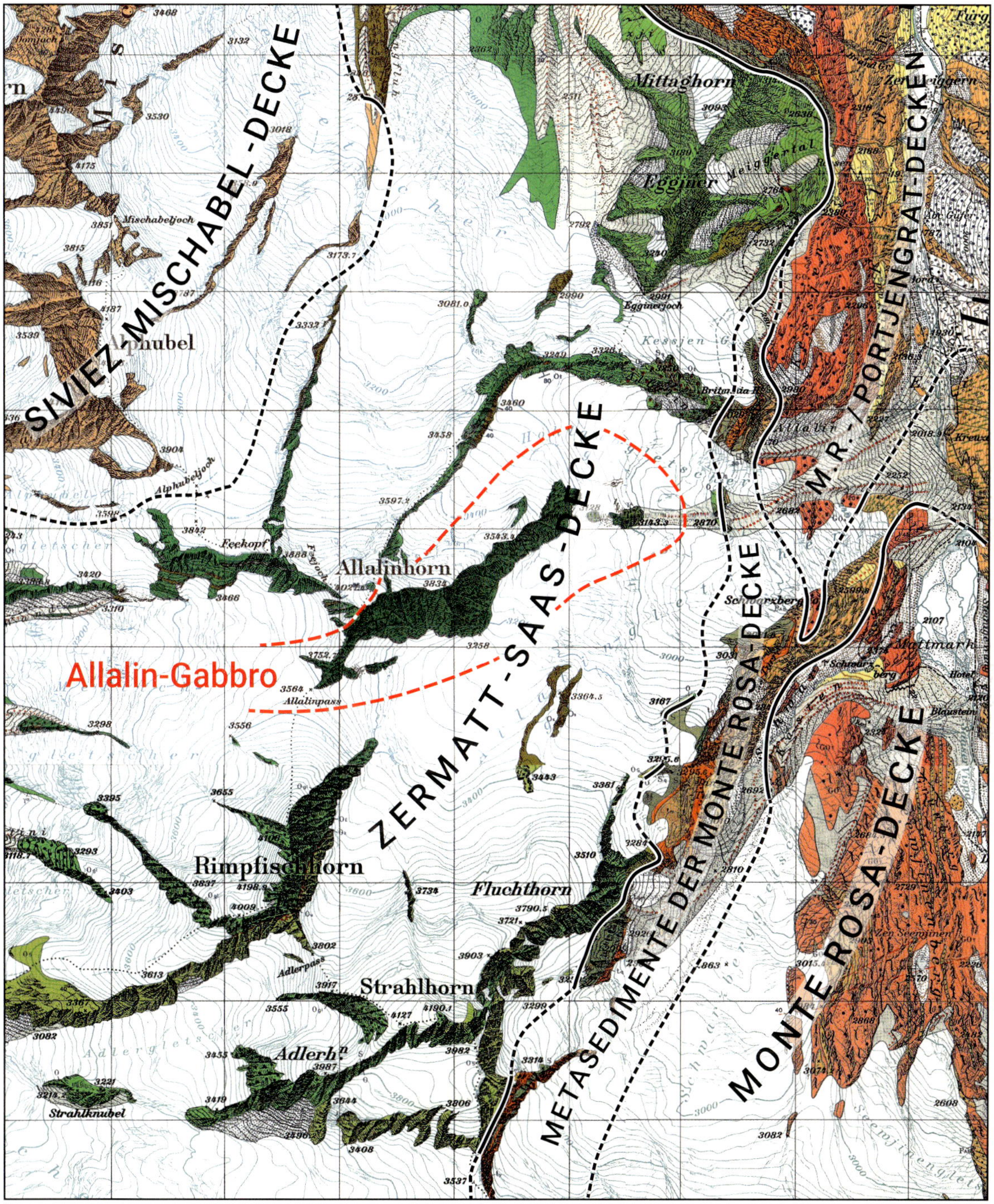
SIVIEZ-MISCHABEL-DECKE
ZERMATT-SAAS-DECKE
METASEDIMENTE DER MONTE ROSA-DECKE
MONTE ROSA-DECKE
M.R.-/PORTJENGRAT-DECKEN
Allalin-Gabbro
Mittaghorn
Egginer
Alphubel
Allalinhorn
Rimpfischhorn
Fluchthorn
Strahlhorn
Adlerhn
Allalinpass
Adlerpass
Strahlknubel
Mischabeljoch
Alphubeljoch
Feekopf
Egginerjoch
Schwarzberg
Mattmark

(Abb. 35k). Nur im Vorfeld des Mellichengletschers, südlich der Täschhütte, liegt eine Gabbrolinse mit Ähnlichkeiten zum Allalin-Gabbro. Sie könnte eine Fortsetzung des Allalin-Gabbros sein – die rasant fortschreitende Gletscherschmelze wird es über kurz oder lang zulassen, diese Vermutung im Gelände zu überprüfen.

Die grosse Überraschung: Doch nicht aus der Ozeankruste?

Der Allalin-Gabbro wurde bis vor Kurzem von allen Forschenden ganz selbstverständlich als Teil der Ozeankruste des Piemont-Beckens angesehen – das lag ja absolut nahe, da er Teil der Ophiolith-Decke Zermatt-Saas ist. Dann kam aber im Jahr 2009 die grosse Überraschung: Die beiden Forscher Kurt Bucher und Rodney Grapes (s. Kap. 17) veröffentlichten in diesem Jahr ein hervorragendes und umfassendes «Paper» (so nennen die Forschende ihre Fachpublikationen) mit einer umfassenden geochemischen, mineralogischen und *petrologischen* Untersuchung des Allalin-Gabbros. Ihre Daten zur chemischen Zusammensetzung des Gesteins sowie ihre Analysen der magmatischen Mineralien (Augit, Plagioklas, Olivin) wiesen auf eine ganz andere Entstehung hin. Die Gesteinschemie passt nicht zu Ozeankrusten-Gabbros, und die petrologischen Temperatur-Druck-Berechnungen aus den magmatischen Mineralien ergaben eine Entstehungstiefe von rund 25 Kilometern – das ist in der Ozeankruste schlicht unmöglich, weil diese nie so dick ist. Auch die Mineral-Neubildungen der sogenannten «Corona-Phase» im Gestein, welche dann in den Kapiteln 12 und 16 vorgestellt wird, passten nicht zur Entstehung in der Ozeankruste.

Die beiden Forscher interpretierten diese Resultate so: Der Allalin-Gabbro entstand in der unteren Kruste des Mikrokontinents des neuerdings als *Salassikum* bezeichneten adriatischen Kontinentalrandes (Abb. 28 und 33). Bildungen von Gabbros sind in diesen Krustenbereichen bei der Zerdehnung von Kontinenten durchaus üblich. Erst bei der Subduktion der Piemont-Ozean-Kruste wurde der Gabbro dann von dieser mitgeschleift und in diese integriert. Er ist gemäss dieser Interpretation also ein «Exot» in der Ophiolith-Decke Zermatt-Saas. Dass solche Einschuppungen von grösseren exotischen Gesteinsvolumen möglich sind, wurde anhand der erst kürzlich durch den Gletscherschwund zum Vorschein gekommenen Theodulgletscher-Schuppe eindrücklich demonstriert. Diese bildet eine 2 Kilometer lange, 100 Meter mächtige Lage von Gesteinen der kontinentalen Kruste, die vollständig in die Zermatt-Saas-Decke eingebettet ist.

Diese neue Interpretation bereitete mir, zugegebenermassen, etwas Kopfschmerzen, zumal es im weiteren Westalpenbogen weitere grosse Gabbrokörper gibt (s. Kap. 27), welche grosse Ähnlichkeiten mit dem Allalin-Gabbro aufweisen, und die bisher alle als Teile der Ozeankruste interpretiert wurden. Gerade mit der Drucklegung dieses Buches wird eine Arbeit der jungen Nachwuchsforscherin Julia Dietrich (s. Kap. 17) publiziert, welche wieder zum Schluss kommt, dass der Allalin-Gabbro eben doch ein normaler Ozeankrusten-Gabbro ist. Auch wenn mir ihre Argumente einleuchten, bleibt aus meiner Sicht die Frage noch offen. So geht das eben in der Forschung. An sich gefällt mir der Gedanke durchaus, dass der wunderschöne Allalin-Gabbro auch aus wissenschaftlicher Sicht etwas doppelt Besonderes sein könnte, ein Exot im wahrsten Sinne des Wortes!

Abb. 16 Geologisches Panorama vom Klein Allalin aus gegen das Dreigestirn Strahlhorn – Rimpfischhorn – Allalinhorn: Blaugrün = Allalin-Gabbro, dunkelgrün = Metabasalte, olivgrün = Serpentinite, orange = Quarzitgneise, rosa = Gneise. Zeichnung von Anna Rauch (www.cartogrip.ch).

Abb. 17 Vereinfachtes Detailprofil S-N durch das «Dreigestirn». Abkürzungen v.l.n.r.: SB Schwarzberjoch; SH Strahlhorn; RH Rimpfischhorn; AH Allalinhorn; MA Mittelallalin; EJ Egginerjoch; EG Egginer; MH Mittaghorn; SF Saas-Fee; SG Saas Grund.

AC
Täschhorn
Dom
Lenzspitze
Egginger
Mittaghorn
CARTOGRIP

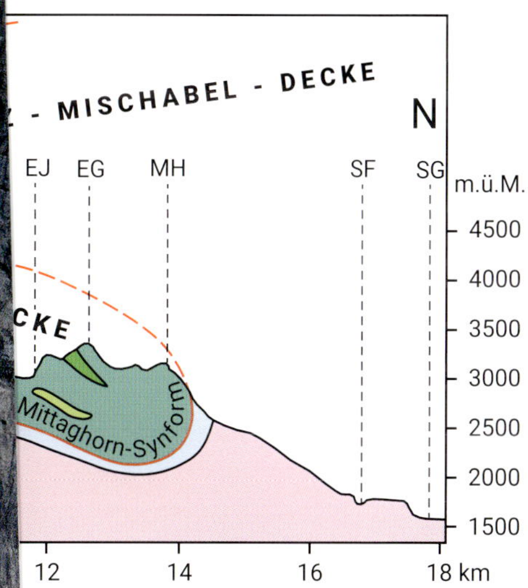
- MISCHABEL - DECKE
N
EJ
EG
MH
SF
SG
m.ü.M.
4500
4000
3500
3000
2500
2000
1500
CKE
Mittaghorn-Synform
12
14
16
18 km

Haupt
Hauptsache:
ERDE / KLIMA / WASSER

Abb. 18 a Das Dreigestirn Allalin-, Rimpfisch- und Strahlhorn (v.l.n.r.) vom Schwarzsee aus. Strahl- und Rimpfischhorn bestehen aus dunklen Metabasalten und Serpentiniten. Die grünlichgraue Färbung der Findelengletscher-Moräne ist charakteristisch für Serpentinitgestein. Am Allalinhorn ist der helle Allalin-Gabbro im unteren Teil erkennbar, darüber liegen dunkle Metabasalte und braune *Kalkglimmerschiefer*. Das Oberrothorn links vorne ist aus den braunen Kalkglimmerschiefern der über der Zermatt-Saas- Decke liegenden Tsaté-Decke aufgebaut.

Abb. 18 b Der Egginer (3368 m) hinter der Britanniahütte. Der grösste Teil besteht aus Metabasalten; über der massiven rotbraunen Felswand ist eine Metagabbro-Linse eingeschaltet, die sich durch etwas andere Farben leicht abhebt. Im Schutt unter dem Egginer sind Proben davon leicht zu finden – es handelt sich um vollständig *grünschieferfazielle* Metagabbros.

Abb. 18 c Blick von Süden zur Spitzen Fluh (3260 m), rechts im Schnee der Pfulwepass (3155 m). Die blockigen Felsen der Spitzen Fluh bestehen aus grünschieferfaziellem Metagabbro. Rechts darunter sind typisch grüngraue schiefrige Serpentinite zu erkennen.

Abb. 18 d Hochdruckmetamorphe (eklogitfazielle) Kissenlaven am Gipfelaufschwung des Rimpfischhorns. Trotz der extremen Metamorphose blieb die vulkanische Kissenstruktur erstaunlicherweise bestens erhalten.

Abb. 18 e Eklogitfazieller Metabasalt (= Eklogit) von der Pfulwepass-Region. Die rotbraunen Granate und die hellen rhombenförmigen Pseudomorphosen nach Lawsonit sind deutlich zu erkennen.

Abb. 18 f Gebänderter Grünschiefer/Grüngestein vom Rimpfischhorn. Die dunklen Lagen sind reich an Aktinolith/Hornblende, die grünlichen Lagen führen viel Epidot und die weisslichen Partien bestehen vor allem aus Albit – alles Mineralien, die typisch sind für Metabasalte metamorph in Grünschieferfazies. Alle Spuren der vorgängigen eklogitfaziellen Metamorphose wurden ausgelöscht.

Abb. 18 g Serpentinit vom Felskinn, hier eine mittelgrüne, schuppige Varietät, der man eine gewisse Ähnlichkeit mit einer Schlangenhaut (serpens = lat. Schlange) nicht ganz abzusprechen vermag …

Abb. 18 h Ein Moränenblock aus Kalkglimmerschiefer unterhalb des Egginerjochs, am Hüttenweg zur Britanniahütte. Die braunen, zurückwitternden Lagen sind Calcit-Marmore, die helleren Lagen sind quarz- und glimmerreich.

Abb. 18 i Blick vom Schwarzbergkopf nach Nordwest. Die Britanniahütte ist vor dem Egginer im Hintergrund zu erkennen. Rechts davon am Klein Allalin sind die helleren und braunen Lagen der Metasedimente der Monte-Rosa-Decke zu erkennen, rechts darunter folgen dann die Gneise dieser Decke. Bei der Britanniahütte beginnt die Zermatt-Saas-Decke. Links ist noch der runde Felskopf (3144 m) zu erkennen, der schon aus Allalin-Gabbro besteht. Links im Hintergrund grüssen noch Täschhorn und Dom, aus Gneisen der Siviez-Mischabel-Decke aufgebaut.

18 a
18 b
18 c

18d	18
18e	18
18f	18

7

Der Allalin-Gabbro als magmatischer Pluton

Ein Blick in Plutos Heizkessel

Plutonische Körper weisen oft beträchtliche, zuweilen gigantische Grössendimensionen auf. Der Allalin-Gabbro-Körper ist mit seinen rund 2 km^3 Volumen, welche der Abtragung entgangen sind, zwar noch ein ordentlicher Brocken. Es gibt aber wesentlich voluminösere Plutone. Als Beispiele aus den Alpen können etwa der Zentrale Aaregranit mit einem Volumen von mindestens 5000 km^3 oder der Mont-Blanc-Granit mit mindestens 1500 km^3 genannt werden. Wie auch immer: In einer Magmakammer von Kilometer-Dimensionen können während der langsamen Abkühlung und Kristallisation, welche sich über Tausende bis Millionen Jahre erstrecken kann, verschiedene Prozesse ablaufen. Es kann etwa zu Strömungsvorgängen, zum Absinken von schon kristallisierten und spezifisch schwereren Mineralien (bzw. zum Aufsteigen leichterer Mineralien) kommen, schon auskristallisierte Teile können infolge der langsamen Anhebung zerbrechen, und in die entstehenden Spalten können Rest- oder andere Schmelzen eindringen und als plattenförmige «*Ganggesteine*» erstarren.
Im Allalin-Gabbro lassen sich trotz der mehrfachen metamorphen Überprägung viele magmatisch-plutonische Strukturen erkennen. Die wichtigsten werden hier kurz vorgestellt und mit Fotos illustriert – auch im nachfolgenden Portfolio 1 «Der Allalin-Gabbro am Allalinhorn».

Unterschiedlichste Korngrössen

Fast an jedem grösseren Block oder Aufschluss im Allalin-Gabbro fällt auf, dass die Grösse der Mineralkörner stark variieren kann, von wenigen Millimetern bis über 10 cm (Abb. 19a und b). Diese Änderungen können zuweilen über kürzeste Strecken erfolgen. Häufig sind auch nestartige, grosskörnige Partien (Abb. 19c). Der bisher grösste von mir gefundene Pyroxenkristall hat die Ausmasse von mindestens 14 × 14 × 7 cm (Abb. 20k).
In Graniten kommen derart grosskörnige Partien als Gang-Intrusionen vor und werden als *Pegmatite* bezeichnet. Sie entstehen aus fluidreichen Restschmelzen. Analog dürften diese grosskörnigen Partien auch infolge lokaler Fluid-Anreicherungen in der Magmakammer entstanden sein, denn Fluids erleichtern den Austausch und die Wanderung von chemischen Elementen und damit auch die Kristallisation von Mineralien. Dementsprechend wird im Allalin-Gabbro auch von «pegmatoiden Nestern» gesprochen. Recht häufig sind solche Nester, die fast ausschliesslich aus Plagioklas bestanden bzw. nach der Metamorphose als fast reine Saussurit-Felse vorlagen. Es sind übrigens diese Partien, welche von den Steinzeitmenschen bevorzugt für ihre Steinbeile verwendet wurden (Kapitel 23).

Variationen der modalen Zusammensetzung

Nicht nur die Korngrössen, auch die Anteile der drei Gabbromineralien Augit, Plagioklas und Olivin können über kurze Strecken stark variieren. Die Geologen sprechen dabei von der modalen Zusammensetzung, die in unserem Falle im Dreieck Augit–Plagioklas–Olivin dargestellt werden kann (Abb. 12). Manchmal finden sich über einige Zenti- bis Dezimeter hinweg Veränderungen von Gabbro (nur Augit und Plagioklas) zu Olivingabbro (alle drei Mineralien) bis zu Troktolith (nur Plagioklas und Olivin) oder gar Anorthosit (fast nur Plagioklas). Diese unterschiedlichen Anteile der drei primärmagmatischen Mineralien bestimmten dann bei den Metamorphosen entscheidend, welche neue Mineralien in welchen Mengenverhältnissen gebildet wurden – und wie stark die mineralogische Vielfalt erhöht wird (Abb. 19c).

In Kap. 5 wurde erwähnt, dass in Gabbros neben dem Pyroxenmineral Augit manchmal auch der verwandte Orthopyroxen vorkommen kann, und diese Gabbros dann mit dem Begriff «Norit» bzw. «noritisch» bezeichnet werden. Im Allalin-Gabbro wurden bisher keinerlei Anzeichen von magmatischem Orthopyroxen bzw. noritischen Partien gefunden.

Magmatische Schichtung

Ein Spezialfall von modaler Variation ist die magmatische Schichtung. Schwimmen schon auskristallisierte Mineralien im Restmagma, dann haben die spezifisch schwereren (hier der Olivin, Dichte um 3,5 g/cm^3) die Tendenz, abzusinken, die leichteren (der Plagioklas, Dichte um 2,7 g/cm^3) hingegen aufzusteigen. Dies kann zu einer magmatischen Schichtung führen, bei der unten fast reine Olivin-Gesteine (Peridotit), zuoberst fast reine Plagioklas-Gesteine (Anorthosit) vorliegen (Abb. 4p). Dieser Prozess kann auf kleinem Raum in der Magmakammer mehrmals ablaufen, und daraus ergibt sich eine sogenannte rhythmische Schichtung. Eine solche konnte ich an zwei Stellen im untersten Teil der SO-Wand des Allalinhorns feststellen. Da die olivinreichen Lagen oben, die plagioklasreichen unten liegen, konnte daraus abgeleitet werden, dass der plutonische Körper des Allalin-Gabbros heute auf dem Kopf liegt, die Überkippung muss irgendwann im Verlaufe seiner Geschichte im Rahmen der Alpenbildung erfolgt sein (Kapitel 15).

Magmatische *Brekzien*

In einer Magmakammer können mehrere Magmenschübe nacheinander aufsteigen. So kann es vorkommen, dass ein jüngeres Magma in schon fest gewordene Teile eindringt und diese in Stücke zerlegt. Solche Strukturen werden als magmatische Brekzien bezeichnet. Sie können im Allalin-Gabbro in seltenen Fällen beobachtet werden (Abb. 19e).

Basaltgänge

Erinnern wir uns: Beim Teil-Aufschmelzen von Erdmantel-Peridotit-Gestein entsteht Magma mit basaltischer Zusammensetzung. Kristallisiert dieses in mehreren Kilometern Tiefe langsam aus, so entsteht daraus das Tiefengestein Gabbro; erstarrt es rasch, entsteht das Vulkangestein Basalt. Wenn nun ein Gabbro-Körper langsam erstarrt, auskristallisiert und schon deutlich abgekühlt ist, können sich durch Zerrbewegungen Risse auftun, in welche erneut Basaltmagma von weiter unten eindringen kann. Im kühleren Gabbro wird dieses Spaltenmagma abgeschreckt und erstarrt als Basalt. Oft ist dabei die Randpartie zum kühlen Gabbro hin stärker abgeschreckt als das Innere, das ein wenig mehr Zeit zum Auskristallisieren hat. So ergeben sich in solchen *Gängen* gerne feinstkörnige abgeschreckte Ränder (Fachausdruck «chilled margin»).
Basaltgänge sind im Allalin-Gabbro häufig, und bei manchen ist ein chilled margin sehr deutlich ausgeprägt (Abb. 19f–h). In etlichen sind im Inneren des Ganges zudem um 0,5–2 cm grosse, weisse, rechteckige bis rautenförmige Saussurit-Häufchen zu erkennen. Das waren grössere, im Basaltmagma schon auskristallisierte Plagioklaskristalle. Man spricht dabei von einer *porphyrischen* Struktur (Abb. 19g).

Erstaunlich!

Alle oben beschriebenen magmatischen Strukturen sind im Allalin-Gabbro über weite Strecken noch klar erkennbar, obwohl der Gesteinskörper zwei bzw. drei metamorphe Überprägungen, verbunden mit intensiven Deformationen, erlebt hat – das ist wirklich erstaunlich! Das hat einerseits damit zu tun, dass der doch recht grosse Gabbro-Pluton eine mechanisch widerstandsfähige, starre Masse darstellte, andererseits aber mit einer wesentlichen Ingredienz ausgestattet war, welche sowohl metamorphe Reaktionen als auch die Deformationen erleichterte: dem Vorhandensein von Wasser. Mehr dazu im Kapitel 14!

Abb. 19a Allalin-Gabbro mit weitgehend erhaltenem magmatischem Mineralbestand (schwarz = Augit; weisslich = Plagioklas; braun = weitgehend serpentinisierter Olivin). Die Variation sowohl der Korngrösse als auch der Zusammensetzung ändert sich drastisch im Dezimeter-Bereich. Die grobkörnige Partie kann als «pegmatoides Nest» bezeichnet werden.

Abb. 19b Vollständig hochdruck-metamorph (eklogitfaziell) rekristallisierter Gabbro mit perfekt erhaltenem magmatischem Gefüge.

Abb. 19c Vollständig hochdruck-metamorph (eklogitfaziell) rekristallisierter Gabbro mit einem pegmatoiden Nest – die magmatische Struktur ist trotz der Metamorphose bestens erhalten geblieben.

Abb. 19d Block mit variabler Korngrösse und Zusammensetzung – eine magmatische Schichtung. Beides blieb trotz der Metamorphose und Deformation erhalten.

Abb. 19e Aufschluss am Felskopf P 3104 unter dem Hohlaubgrat. Zu sehen ist eine magmatische Brekzie. Dunkler Gabbro wurde in der Magmakammer zerbrochen und von hellem, plagioklasreichen Magma durchdrungen und zementiert. Breite des Ausschnitts ca. 2 m.

Abb. 19f Aufschluss an der Basis der SO-Wand (2.636.373 / 1.099.488). In unruhig geschichteten Gabbro intrudierten subparallele Scharen von Basaltgängen. Der Gabbro ist durch die Metamorphose zu Flasergabbro deformiert worden. Höhe des Aufschlusses ca. 10 m.

Abb. 19g Ausschnitt vom Aufschluss in Abb. 19f, Basaltgang in Gabbro. Der Gang zeigt innen eine porphyrische Struktur mit weissen Plagioklas-Einsprenglingen sowie einen feinstkörnigen Abschreckungsrand gegen den Gabbro zu.

Abb. 19h Block in der Allalinmoräne, mit geometrisch komplexen Basaltgängen im Gabbro. Die Mineralbestände von beiden Gesteinen sind eklogitfaziell. Masse des Blocks ca. 2,5 × 3 m.

19a 19
19c 19

Portfolio **Der Allalin-Gabbro am Allalinhorn**

Wie sich das Gestein am Berg und in den Moränen präsentiert

Der heute noch vorhandene Teil der Gabbromasse konzentriert sich auf die Süd- bis Ostseite des Allalinhorns (Abb. 6, 20 a). Der tiefstgelegene Aufschluss am Ostausläufer des Hohlaubgrates liegt auf 2950 m, der höchste am Gipfelaufschwung auf 4020 m Höhe. Wer das Gestein also anstehend antreffen will, muss alpinistische Fähigkeiten mitbringen. Dazu kommt, dass der grösste Teil unzugänglich in den steilen und steinschlägigen Wandfluchten der S-/SO-Wände liegt. Während meiner Doktorarbeit anfangs der 1980er-Jahre gelang es mir, auf drei Routen durch diese Wandfluchten zu klettern. Obwohl die Felsen dort praktisch vegetationsfrei sind, weisen sie doch oft eine mehr oder weniger starke rostfarbene Patina auf, was die Beobachtung von Strukturen erschwert. In den letzten Jahren hat der zunehmend schneller zurückschmelzende Hohlaubgletscher grössere Flächen von neuen und frischen Aufschlüssen ohne jegliche Patina freigegeben. Die unterschiedlichen Varietäten des Gabbros und die kleinräumigen Strukturen lassen sich am besten an den frischen Blöcken der Moräne zwischen Hohlaub- und Allalingletscher beobachten.
Die folgenden Fotos zeigen Geländeaufschlüsse sowohl direkt am Berg als auch aus den Moränenblöcken.

9e | 19f
9g | 19h

Abb. 20a Blick in die zentrale Südostwand, die hier rund 600 m hoch ist. Die besonders in der unteren Bildmitte gut erkennbare Schichtstruktur ist eine magmatische Schichtung. Anhand von den sich darin befindenden gravitativen Mineralabfolgen konnte gezeigt werden, dass der ganze Gabbro-Körper auf dem Kopf liegt.

Abb. 20b Ein grosser Block am Rande des Hohlaubgletschers, auf rund 2940 m Höhe, mit der Geologin Cindy Luisier-Duretz im Bild. Der Block zeigt eine magmatisch entstandene Schichtung und eine gneisartige Struktur, welche bei den Metamorphosen entstanden ist. An solchen Blöcken kann das Gestein sehr gut studiert werden. Und solche Blöcke ritten während den Eiszeiten auf den grossen Gletschern bis ins Mittelland.

Abb. 20c Ein wunderschönes Stück von undeformiertem, aber in Eklogitfazies rekristallisiertem Allalin-Gabbro, mit den unterschiedlich grossen, grünen Chrom-Omphaciten. Dieser Block steht am Anfang einer langen Reise, die ihn nach langer Zeit als kleingerundeter Kieselstein am Rhoneufer im Unterwallis vorbeiführen wird.

Abb. 20d Recht gut zugängliche Felswand am Fuss des nordöstlichsten Ausläufers des Hohlaubgrates. Der hellere Gabbro liegt überwiegend in Übergangsstadien zwischen Eklogit- und Grünschiefer-Metamorphose vor, und er ist durchzogen von subparallelen, dunkleren Metabasalt-Gängen.

Abb. 20e Die Geologin Cindy Luisier-Duretz an einem tollen Aufschluss mit eklogitfaziellem Gabbro und mehreren, über meterlangen schwarzen Hochdruck-Klüften, gefüllt mit Magnesiumchloritoid und Talk. Am Fuss des Felskopfes 3453 m am Hohlaubgrat.

Abb. 20f Am gleichen Aufschluss wie 20e. Extrem grobkörnige Partie mit über 10 cm grossen Olivin-Pseudomorphosen aus weissem Talk mit roten Granatsäumen und grünen Omphacit-Pseudomorphosen nach Augit. Für solche Anblicke lohnen sich die Mühen des Aufstiegs!

Abb. 20g Gabbroblock am untersten Teil des Hohlaubgrates, mit einer magmatisch angelegten Schichtung von hellen und dunklen Lagen, das Ganze bei der Hochdruck-Metamorphose intensiv plastisch verformt und verfaltet. Auch wenn grosse Teile des Gabbros nicht oder nur wenig plastisch verformt wurden, gab es in einzelnen Bereichen intensive Verformungen.

Abb. 20h Auf der Moräne zwischen Hohlaub- und Allalingletscher lässt sich, ziemlich leicht zugänglich entlang des Gletscherwegs Britannia-Mattmark, eine wunderbare Auswahl von Allalin-Gabbros in allen möglichen Ausprägungen bewundern. Hier ein Prachtsblock, mit der Felswand des Allalinhorns im Hintergrund.

Abb. 20i Am gleichen Ort wie 20h. Wer kommt bei einem solchen Anblick nicht ins Staunen! Block aus eklogitfaziellem Gabbro mit bis ca. 10 cm grossen grünen Omphacit-Pseudomorphosen nach Augit.

Abb. 20j Grosser Block auf der Moräne. Die Schichtstruktur entstand magmatisch. Der Gabbro ist in einem Übergangszustand zwischen eklogit- und grünschieferfazieller Metamorphose und zeigt eine mittelstarke plastische Deformation durch Abplattung der grünen Pseudomorphosen nach Augit. Dies ist ein sehr häufiger Typus des Allalin-Gabbros.

Abb. 20k Glück hat die Finderin, die ein derartiges herrliches Stück eines 15 cm grossen grünen Chrom-Omphacitkristalls findet! Es handelt sich um eine Pseudomorphose nach einem ursprünglich ebenso grossen magmatischen Augit-Kristall.

Abb. 20l Auf der Moräne wie 20h bis 20k. Wer sich etwas Zeit nimmt, hat bald eine schöne Sammlung von verschiedensten Ausbildungen des Allalin-Gabbros beisammen.

20a

20b

20f

20

20j

Was ist Gesteinsmetamorphose?

Einblicke in den Hochdruckofen der Erdkruste

«Metamorphose ist der Tanz des Universums,
bei dem das Alte vergeht und das Neue entsteht».
(Michio Kaku, Physiker)

Es wurde schon mehrfach erwähnt, dass der Allalin-Gabbro ein metamorphes Gestein ist, und man deswegen korrekterweise von Meta-Gabbro sprechen sollte. Deswegen soll hier ein kurzer Einstieg ins Thema der Gesteinsmetamorphose gegeben werden – damit die Phänomene in unserem Gestein dann besser eingeordnet und verstanden werden können. Wem Gesteinsmetamorphose in den Grundzügen bekannt ist, kann dieses Kapitel ruhig auslassen.

Wie die meisten Fachbegriffe in den Erdwissenschaften stammt auch «Metamorphose» aus dem Griechischen. Wörtlich übersetzt heisst es «Umgestaltung» – den Wortstamm «morphos» kennen Sie von verschiedenen anderen Begriffen her, etwa «Morphologie» oder «amorph». Umgestaltung ist eine sehr allgemeine Prozessbeschreibung, und so wird der Begriff Metamorphose auch breit angewendet. Sie kennen sicher die Metamorphose im Tierreich, wo aus der Raupe letztlich ein Schmetterling entsteht.

Die Gesteinsmetamorphose

Bei Gesteinen erfolgen Umgestaltungen durch veränderte Temperatur-Druck-Bedingungen. Ein Ausgangsgestein irgendwelcher Art – genannt *Protolith* – wandelt sich infolge erhöhter Temperaturen und Drucken zu einem anderen Gestein um. Dabei können auch noch Tiefenwässer und Gesteinsverformungen mitwirken, sozusagen als eine Art Katalysatoren. Aus dem Protolith wird ein Metamorphit.

In den meisten Gesteinen spielen sich etwa ab 150 °C mineralogische Veränderungen ab, die zu metamorphen Gesteinen führen; gewisse Mineralien sind dann nicht mehr stabil und wandeln sich durch chemische Reaktionen in neue, sogenannte metamorphe Mineralien um. Andere rekristallisieren einfach – etwa so wie Altschneekörner langsam zu Gletschereis umkristallisieren. Bekannte Beispiele für Letzteres sind die Umkristallisationen von Kalkstein zu Marmor und von Quarzsandstein zu *Quarzit*. Sind verschiedene Ausgangsmineralien vorhanden, können diese miteinander in komplexer Weise reagieren und zu einem ganzen Strauss von neuen Mineralien führen.

Im Zusammenspiel der Temperatur mit dem Druck und Verformungsprozessen können auch die Gefüge der Gesteine verändert werden – u. a. kann eine Schieferung entstehen. Aus den Mineralien metamorpher Gesteine auf die erreichten Temperaturen und Drucke zu schliessen, ist eine spannende Forschungsaufgabe für Geologen. Sie helfen so, die Abläufe bei der Gebirgsbildung zu rekonstruieren.

Gesteinsmetamorphose beinhaltet nur Umwandlungen im festen Zustand, Schmelzvorgänge sind nicht beteiligt. Deswegen liegt die Temperatur-Obergrenze, je nach Gesteinsart und Druck, bei Temperaturen von 750–850 °C (in Ausnahmefällen auch höher). Erst darüber beginnt dann die Bildung von Gesteinsschmelzen (Magmen) und damit von magmatischen Gesteinen – ein anderes Feld der Geologie. Die Obergrenze bei den Drucken ist weniger klar zu definieren. Da diese ja einfach mit der Tiefe zunehmen, gibt es aus physikalischen Gründen Tiefen, aus welchen ein Gestein kaum mehr je an die Oberfläche zurückkehren kann. Die bis heute bekannten Metamorphite mit den höchsten erlittenen Drucken wurden bis in Tiefen von 100–200 Kilometer versenkt und später wieder an die Oberfläche zurückbefördert. Das entspricht Drucken von rund 30 000–60 000 bar (30–60 kbar).

Je tiefer, desto wärmer und «drückender»

Die beiden Hauptfaktoren der Gesteinsmetamorphose sind also Temperatur- und Druckerhöhungen. Wie können Gesteine solche erfahren? Ganz einfach: Indem sie in tiefere Erdkrustenbereiche geraten. Wenn Sie irgendwo ein Loch bohren, dann nimmt mit der Tiefe die Temperatur zu – weil es ja gegen das Erdinnere wärmer wird (in der Erdmitte sind es rund 5000 °C). Diese Tatsache wird ja für die Energiegewinnung mit Erdsonden oder mit Geothermik auch technisch genutzt. In einer durchschnittlichen Erdkruste beträgt die Erwärmung rund 30 °C pro Kilometer Tiefe (= *geothermischer Gradient*). In einem Gebirge, wo riesige Stapel von relativ kühlem Oberkrusten-Gestein als Decken übereinandergestapelt wurden, ist die Zunahme meist geringer, man kann mit rund 20 °C/km rechnen. Dasselbe gilt für *Subduktionszonen*, wo kühle Erdplatten mit geologisch gesehen hohen Geschwindigkeiten von 2–20 cm/Jahr in die Tiefe versenkt werden. Da hinkt die langsame Erwärmung der Versenkung sozusagen hinterher. Hingegen wird man über einer seicht gelegenen *Magmakammer* oder bei einem Vulkangebäude viel höhere Temperaturzunahmen feststellen. Zwei Beispiele aus der Schweiz mögen die Temperaturzunahme illustrieren: In der NAGRA-Tiefbohrung von Weiach (AG) wurde an der Endteufe von 2,3 km eine Temperatur von 53 °C gemessen (Gradient = 23 °C/km). Im Gotthard-Basistunnel wurden in der Zone mit der höchsten Überlagerung von 2,45 km Temperaturen von 46 °C gemessen (Gradient rund 15 °C/km). In 10 Kilometern Tiefe unter Weiach bzw. dem Gotthard sind die Gesteine also schon um 230/150 °C heiss, in 30 Kilometern schon 690/450 °C.

Mit der Bohrlochtiefe nimmt natürlich auch der Druck zu, ähnlich wie beim Eintauchen ins Wasser, bewirkt durch die darüberliegenden Massen. Weil Gesteine durchschnittlich fast dreimal schwerer sind als Wasser (Dichte von Wasser = 1 g/cm^3, Dichte von Granit ca. 2,75 g/cm^3), nimmt auch der Druck entsprechend stärker zu. Unter 1000 Metern Gesteinsüberdeckung beträgt der Druck etwa 300 bar; in 3,5 Kilometern Tiefe sind es 1000 bar oder 1 kilobar (kbar). Bei der Alpenbildung wurden Gesteine bzw. Gesteinsdecken teilweise bis rund 100 Kilometer tief versenkt. Dort herrschten also gewaltige Drucke bis etwa 30 000 bar (30 kbar) auf die Gesteine.

Nur nass funktioniert's

Neben Temperatur und Druck spielt ein dritter Faktor eine entscheidende Rolle bei der Gesteinsmetamorphose: die An- oder Abwesenheit einer fluiden Phase, meist einer wässrigen Lösung. Da es bei den hohen Temperaturen und Drucken keinen Unterschied mehr gibt zwischen flüssig und gasförmig, spricht man in der Geologie von «*Fluids*». Um es vorwegzunehmen: Ohne Fluid im Gestein passiert in der Regel nichts oder fast nichts. Da dies gerade im Allalin-Gabbro derart wichtig ist, wird das Thema hier nicht weiter erläutert, sondern im eigenen Kapitel 14.

Auf Biegen und Brechen

Gesteine können auf Verformungen auf zwei grundsätzlich unterschiedliche Arten reagieren: Durch Sprödbruch oder durch *plastische* (= *duktile*) Verformung. Bei tiefen Temperaturen und Drucken erfolgt in der Regel ein Sprödbruch, bei höheren Temperaturen und Drucken dann eine plastische Verformung. Gemeinhin liegt der Übergang in der Erdkruste bei rund 12 km Tiefe mit Temperaturen um 300 °C und Drucken um 3 kbar. Plastische Verformung kann metamorphe Mineralreaktionen beschleunigen. Es spielen noch weitere Faktoren eine Rolle, vorab die mineralogische Zusammensetzung des Gesteins und die Anwesenheit und der Druck eines Fluids. Bei hohen Fluiddrucken im Gestein ist Sprödverformung auch in wesentlich grösserer Tiefe und höheren Temperaturen möglich. Dies wird im Allalin-Gabbro eindrücklich demonstriert: Auch bei der eklogitfaziellen (s. weiter unten) Metamorphose in rund 90 Kilometern Tiefe reagierten Teile des Gesteins spröd, und es konnten sich Sprödbrüche bilden, die dann von Hochdruck-Mineralien wie Magnesiumchloritoid und Talk oder Omphacit ausgefüllt wurden (Abb. 36 und Kapitel 14). Gleichzeitig wurden andere Teile auch plastisch verformt (z. B. Abb. 36c). Dieses Nebeneinander von spröder und plastischer Verformung ist eine weitere Eigenschaft unseres Gesteins.

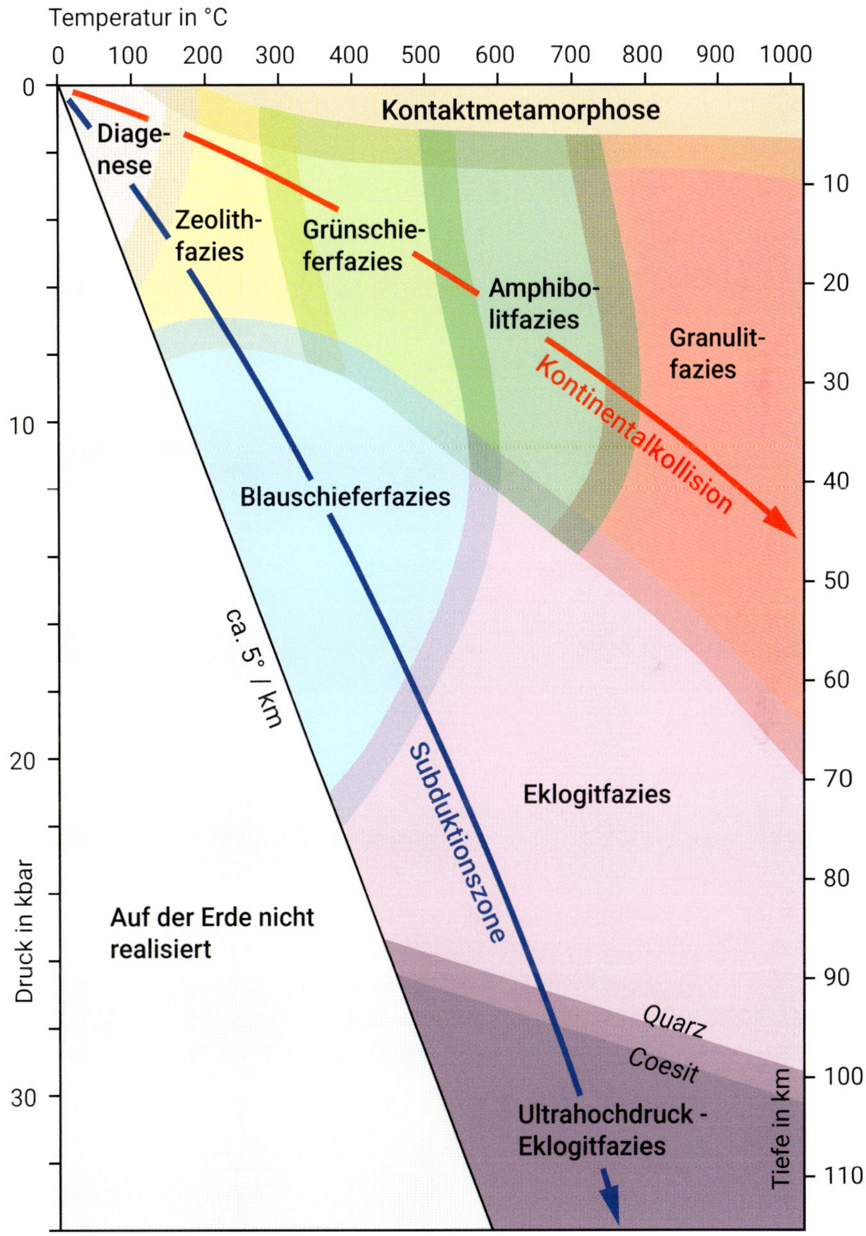

Abb. 21 Das Faziesdiagramm für die Gesteinsmetamorphose, mit seinen beiden Achsen Temperatur (horizontal) und Druck/Tiefe (vertikal). Eingetragen sind zwei typische geothermische Gradienten für Subduktionszonen (blau, rasche Versenkung mit nachhinkender Temperaturerhöhung) und für Kollisionsgebirge (rot, normale Kopplung von Tiefe und Temperatur).

Das Schlüsseldiagramm der Gesteinsmetamorphose

Treffen Geologen auf ein metamorphes Gestein, so sind sie in erster Linie an zwei Fragen interessiert: Welches war das Ausgangsgestein, und wie hoch waren die Temperaturen und Drucke, die es bei der Metamorphose erlebt hat? Auf beide Fragen gibt in erster Linie die mineralische Zusammensetzung des Gesteins Antwort. Man könnte nun ja einfach die entsprechenden Werte angeben – z. B. 550 °C/10 kbar. Doch man entschied sich dazu, die Temperatur-Druck-Bereiche, bei denen sich Gesteinsmetamorphose abspielt, in Felder zu unterteilen und diesen Feldern Namen zu geben. Das erlaubt in den meisten Fällen eine grobe Zuordnung schon im Feld, auch ohne eine genaue Analyse. Dieses Temperatur-Druck-Diagramm der Gesteinsmetamorphose wurde «Faziesdiagramm» getauft. Der Ausdruck «Fazies» stammt ausnahmsweise nicht aus dem Griechischen, sondern aus dem Lateinischen und bedeutet «Gesicht». Er wird in der Geologie breit angewendet; sowohl für die Charakterisierung der metamorphen Gesteine als auch für die Ablagerungsbedingungen von sedimentären Gesteinen. Die Abb. 21 zeigt das Faziesdiagramm der Gesteinsmetamorphose mit seinen Feldern. Zusätzlich sind noch wichtige geothermische Gradienten für zwei unterschiedliche plattentektonische Situationen dargestellt. Um die Bezeichnungen der Temperatur-Druck-Felder zu verstehen, möchte ich wieder einmal etwas ausholen.

Zwei Welten: chemisch simpel und chemisch komplex

Wie stark die mineralogischen und strukturellen Veränderungen bei der Gesteinsmetamorphose ausfallen, hängt ganz wesentlich von der chemischen bzw. mineralogischen Zusammensetzung der Ausgangsgesteine ab. Je einfacher diese ist, desto kleiner ist die Vielfalt bei der Metamorphose; je komplexer sie ist, desto vielfältiger sind die metamorphen Gesteine. Dies sei an je zwei Beispielen erläutert, wodurch auch gleich die Felderbezeichnungen im Faziesdiagramm erklärt werden:

Kalksteine bestehen zu praktisch 100 % aus dem Mineral Calcit, chemisch Calciumkarbonat $CaCO_3$. Bei Erhöhung von Temperatur und Druck wird der feinstkörnige Calcit des Kalksteins rekristallisieren, aber chemisch kann nichts passieren; es bleibt $CaCO_3$. Den rekristallisierten Metamorphit bezeichnen wir dann als Marmor. Ähnlich geht es einem Sandstein, der ausschliesslich aus Quarzkörnern besteht und die einfache Zusammensetzung SiO_2 aufweist. Er rekristallisiert bei der Metamorphose zu einem Quarzit. Diese beiden Beispiele sind analog zur Umwandlung von Neuschnee über Firn zu grobkörnigem Gletschereis – diese bestehen jeweils einfach aus gefrorenem H_2O.
Ganz anders etwa bei einem Tonstein, der aus chemisch hochkomplexen Tonmineralien, etwas Quarzsand und vielleicht noch etwas Kalkschlamm, besteht. Bei der Metamorphose reagieren diese Ursprungsmineralien miteinander und es entstehen ganz unterschiedliche neue Mineralien, in Abhängigkeit von Temperatur und Druck. Mit zunehmenden Temperaturen erscheinen zuerst Chlorit und Serizit, dann Biotit, Chloritoid, Granat, Disthen, Staurolith und schlussendlich Cordierit und weitere höchst ungewöhnliche Mineralien. Vor allem bei höheren Metamorphose-Graden ist

Abb. 22 Sechs Beispiele von Tonsteinen (Peliten) in unterschiedlichen Metamorphose-Graden (Metapelite).

Abb. 22a Tonstein (Opalinuston), unmetamorph. Tongrube Frick (AG).

Abb. 22b Tonschiefer, schwach metamorph. Landesplattenberg (GL).

Abb. 22c Phyllit/Serizit-Schiefer untere Grünschieferfazies. Val Medel (GR).

Abb. 22d Granat-Glimmerschiefer, untere Amphibolitfazies, Lukmanier (GR).

Abb. 22e Staurolith-Disthen-Granat-Zweiglimmerschiefer, Amphibolitfazies, Capanna Leit (TI).

Abb. 22f Quarz-Kalifeldspat-Cordierit-Fels, Granulitfazies, Schwarzwald (D).

22a | 22
22c | 22
22e | 22

dem Gestein sein Ursprung aus einem simplen grauen Tonstein überhaupt nicht mehr anzusehen. Die chemische Zusammensetzung bleibt erhalten, die mineralogische hat sich verändert. In Abb. 22 sind sechs Tonstein-Metamorphite aus sechs verschiedenen metamorphen Fazies präsentiert. Ich gehe davon aus, dass Sie staunen werden: Alle sechs sind letztlich das gleiche Gestein, einfach jeweils massiv «verkleidet» (oder durch die Metamorphose veredelt, wie Metamorphose-Geologen gerne anmerken …).

Die Namen im Faziesdiagramm

Eine weitere chemisch komplexe und häufige Gesteinsart, bei der sich, je nach metamorpher Fazies, starke und auch im Felde makroskopisch leicht festzustellende mineralogische Veränderungen abspielen, ist Basalt – nun schon ein alter Bekannter für Sie! Sie sehen die entsprechende Fotoserie in der Abb. 23. Bei mittleren Temperaturen wird aus dem schwarzen Basalt ein Grünschiefer, bei noch höheren ein gesprenkelter Amphibolit, dann ein körniges Granat-Pyroxen-Gestein namens Granulit. Bei stärkerer Zunahme des Druckes gibt's nicht einen Grün-, sondern wegen des bläulichen Hochdruck-Minerals Glaukophan einen Blauschiefer, und bei noch höheren Drucken das Granat-Omphacit-Gestein namens Eklogit. Weil diese Typen derart unterschiedlich sind, hat man die Temperatur-Druck-Felder im Faziesdiagramm nach den jeweiligen Gesteinsarten der Metabasalt-Serie benannt- Et voilà! Die Abb. 24 zeigt ihnen nochmals sieben Metabasite in unterschiedlichen Metamorphosegraden – aber nun als Abfolge von Gabbros bzw. Metagabbros, den Tiefengesteinen mit basaltischer Zusammensetzung.

Abb. 23 Sechs Beispiele von Basalten in unterschiedlichen Metamorphose-Graden (Metabasalte). Un- und schwach metamorphe Typen sind zusammengefasst.

Abb. 23a Unmetamorpher Olivinbasalt mit Gasblasen. La Gomera (Kanarische Inseln, Spanien).

Abb. 23b Metabasalt in Grünschieferfazies = Grünschiefer. Matterhorn (VS).

Abb. 23c Metabasalt in Amphibolitfazies = Amphibolit (gebändert). Zernez (GR).

Abb. 23d Metabasalt in Granulitfazies = Basischer Granat-Granulit. Valle d'Ossola (I).

Abb. 23e Metabasalt in Blauschieferfazies = Blauschiefer. Nordkorsika (F).

Abb. 23f Metabasalt in Eklogitfazies = Eklogit. Verpeneset (N).

23a	23b
23c	23d
23e	23f

Hochdruck-Metamorphose

Bis anfangs der 1980er-Jahre galten eklogitfazielle Gesteine aus rund 40–60 Kilometern Tiefe als Hochdruck-Gesteine, höhere Drucke bzw. tiefere Versenkungen waren praktisch unbekannt. Ein junger französischer Forscher, Christian Chopin, fand und beschrieb dann aus dem Dora-Maira-Massiv der Westalpen seltsame Metamorphite mit riesengrossen Granaten, in denen er Einschlüsse der Hochdruck-Modifikation von Quarz, den Coesit, fand. Dieser ist erst bei Drucken von über 28 kbar stabil, und damit mussten diese Gesteine in Tiefen von 100 Kilometern oder mehr umgewandelt worden sein. Diese bahnbrechende Publikation löste einen Forschungsboom aus, und bald wurden weitere coesitführende Metamorphite gefunden, später sogar solche mit Diamant anstatt Grafit, was auf noch wesentlich tiefere Versenkung schliessen liess. Man erkannte, dass solche tiefen Versenkungen mit nachfolgendem Wiederaufstieg in Subduktionszonen mit anschliessender Kontinentalkollision möglich sind. Damit war der Weg bereitet, dass auch die aus den eklogitfaziellen Mineralien des Allalin-Gabbros abgeleiteten Drucke um 25 kbar plausibel wurden. Heute wissen wir, dass im Allalin-Gabbro die Drucke mit 25–26 kbar gerade nicht ausreichten, um Coesit entstehen zu lassen. Weiter südlich auf der italienischen Seite des Matterhorns wurden hingegen Gesteine aus der Zermatt-Saas-Decke mit Coesit gefunden.

Noch eine Randbemerkung hier, die aber für die Plattentektonik von entscheidender Bedeutung ist: Die Metamorphose der Basalte und Gabbros der ozeanischen Kruste zu eklogitfaziellen Gesteinen in den Subduktionszonen führt zu einer grösseren Dichte der Gesteine – von rund 2,9 auf 3,5 g/cm^3, und es ist dieses «Schwerer werden» der abtauchenden Ozean-Lithosphäre, welche die Platten nach unten zieht. Früher ging man eher davon aus, dass die Platten von den mittelozeanischen Rücken her gestossen würden.

Der Allalin-Gabbro – auch ein Metabasit

Nach diesem längeren Exkurs in die Geheimnisse der Gesteinsmetamorphose kommen wir nun zurück zum Allalin-Gabbro – denn, wie Sie ja unterdessen wissen, ist er chemisch-mineralogisch dasselbe wie Basalt, ausser, dass seine drei magmatischen Hauptmineralien Plagioklas, Augit und Olivin nicht in feinstkörniger Verwachsung wie beim Basalt vorliegen, sondern oft als bis mehrere Zentimeter

Abb. 24 Sechs Beispiele von Gabbros in unterschiedlichen Metamorphosegraden (Metagabbros).

Abb. 24a Sehr schwach metamorpher Gabbro. Gabbro (I).

Abb. 24b Grünschieferfazieller Flasergabbro. Nordkorsika (F).

Abb. 24c Amphiboltifazieller Metagabbro. Valle d'Ossola (I).

Abb. 24d Granulitfazieller Metagabbro. Valle d'Ossola (I).

Abb. 24e Blauschieferfazieller Metagabbro. Nordkorsika (F).

Abb. 24f Eklogitfazieller Metagabbro. Ligurische Alpen (I).

24a	24b
24c	24d
24e	24f

grosse Körner. Damit wird die chemisch-mineralogische Komplexität noch erhöht, weil nämlich bei der Gesteinsmetamorphose diese aneinandergrenzenden, chemisch stark unterschiedlichen Mineralien miteinander reagierten und sich zwischen ihnen unterschiedliche Reaktionszonen bildeten, indem chemische Elemente zwischen den Kornbereichen hin- und herwanderten. Das ist ein Hauptgrund für die mineralogische und farbliche Vielfalt des Gesteins. Die magmatischen Ursprungsmineralien Plagioklas, Augit und Olivin behielten dabei meistens ihre Formen und Umrisse, auch wenn sie mineralogisch völlig verändert wurden. Das bezeichnet man als «Pseudomorphosen». Diese werden in Kapitel 11 näher vorgestellt.

Die alpine Metamorphose des Allalin-Gabbros

Je nach geologisch-plattentektonischer Umgebung können verschiedene Metamorphose-Arten unterschieden werden, etwa Gebirgsbildungs-Metamorphose, Kontaktmetamorphose, Ozeanboden-Metamorphose und weitere mehr. Der Allalin-Gabbro erlebte eine Gebirgsbildungs-Metamorphose während der Alpenbildung. Die Bildung von *Kollisions-Gebirgen* erfolgt in der Regel derart, dass zuerst ein Ozeanbecken unter einen anrückenden Kontinentalplattenrand *subduziert* wird. In dieser *Subduktionszone* werden die Gesteine mit geologisch gesehen hohen Geschwindigkeiten von mehreren Zentimetern pro Jahr entlang eines tiefen geothermischen Gradienten in die Tiefe gezogen und erleben dabei eine sogenannte Hochdruck-Metamorphose in Blauschiefer- oder Eklogitfazies. Bei der anschliessenden Kontinent-Kontinent-Kollision gelangen die Gesteine wieder in höhere Krustenbereiche und werden dann in der Regel von einer zweiten Metamorphose überprägt, meist in Grünschiefer- bis Amphibolitfazies. Das ergibt den schlaufenartigen Druck-Temperatur-Zeit-Pfad im Faziesdiagramm der Abb. 21. Eine solche mindestens zweiphasige metamorphe Überprägung hat auch der Allalin-Gabbro erfahren – dies wird in den Kapiteln 12 und 17 noch weiter konkretisiert. Verkomplizierend kam bei ihm noch eine granulitfazielle Überprägung dazu – mehr dazu später. Man bezeichnet solche Gesteine auch als «*polymetamorph*».

Der springende Punkt beim Allalin-Gabbro – und das wird später noch mehr als einmal erläutert – ist jedoch, dass bei ihm aufgrund seiner speziellen Eigenschaften – mechanische Widerstandsfähigkeit und fluidfreier Protolith – die jeweils nachfolgende metamorphe Phase nicht, wie meistens üblich, die vorangegangenen Metamorphosen und ihre Mineralien völlig ausgelöst und überprägt hat, sondern dass zonenweise Zeugen aller Metamorphosen und sogar des magmatischen Protoliths noch sichtbar sind – das ist einer der Hauptgründe für seine mineralogische und strukturelle Vielfalt.

Meine Stellung im Alpengebäude

Der Allalin-Gabbro als Teil der ozeanischen Zermatt-Saas-Decke

Als Wandernde durch die Berge sehen wir die Gesteine an der Erdoberfläche. Um jedoch den geologischen Bau eines Gebietes und dessen Entstehung zu verstehen, brauchen wir die dritte Dimension, den Blick in die Tiefe sozusagen. In Berggebieten erlauben hohe Felswände und tief eingeschnittene Täler zwar gewisse Einblicke in den Gebirgsbau, doch beschränkt sich dieser naturgemäss auf wenige Kilometer. Informationen aus grösseren Tiefen erhält man heute mit geophysikalischen Messmethoden. Die bedeutendste davon ist die Seismik. Erschütterungen (Vibrationen, Sprengungen, natürliche Erdbeben) an der Erdoberfläche senden Schwingungswellen in den Untergrund, welche an geologischen Horizonten wie etwa Schicht- und Gesteinsgrenzen oder Störungszonen reflektiert und an der Oberfläche mit linear angeordneten Messgeräten (Geophonen) registriert werden können. Aus den Laufzeiten der Signale können die Tiefen der Reflexionshorizonte ermittelt werden. So kann die Geophysik heute bis Hunderte von Kilometern in die Tiefe, ja sogar bis ins Erdinnerste «schauen».

In zwei Dimensionen – auf der tektonischen Karte

Die Karte von Abb. 26 – eine sogenannte tektonische Karte – zeigt die Bauelemente der Region um das Allalinhorn sowie deren Einbettung in die tektonische Karte der ganzen Schweiz. Diese Bauelemente sind im Wesentlichen die unterschiedlichen Gesteinsdecken, welche bei der Alpenbildung übereinander geschoben und dabei meist auch verfaltet wurden. Man kann erkennen, dass der Allalin-Gabbro Teil der grün gefärbten Zermatt-Saas-Decke ist, die im Gebiet des Mittaghorns oberhalb von Saas-Fee in einer markanten Stirnfalte endet. Die Zermatt-Saas-Decke setzt sich gegen SW nach Italien hinein fort und wird wesentlich breiter, quert das Aostatal und lässt sich bis zum Monte Viso und weiter bis in die Ligurischen Alpen verfolgen.

Die Zermatt-Saas-Decke besteht vollständig aus Gesteinen der Ozean-Lithosphäre des Piemont-Ozeans, einem Teilbecken des grösseren Tethys-Ozeans, welcher sich seit der Triaszeit vor rund 230 Mio. J. zwischen dem Nordkontinent Laurasia und dem Südkontinent Gondwana öffnete (Abb. 28 und 33). Solche «an Land gelangten» Stücke von Ozeankruste werden als «Ophiolithe» bezeichnet.

Nördlich der Zermatt-Saas-Decke schliesst sich die Siviez-Mischabel-Decke an, südlich und östlich davon die Monte-Rosa-Decke. Beide bestehen aus kontinentaler Kruste und einigen darauf abgelagerten Sedimentgesteinen. Sie stammen vom iberischen Mikrokontinent, der im Alpenraum «Briançonnais» getauft wurde (Abb. 28 und 33), weil er in der Gegend der Westalpenstadt Briançon erstmals entdeckt wurde. Er spaltete sich vom Südrand Europas ab. In der tektonischen Grobeinteilung der Alpen gehören alle Decken rund um Saas-Fee zur «penninischen Zone» (auch «Penninikum» genannt).

Die dritte Dimension der Tiefe

Doch wie sieht das Ganze nun dreidimensional aus? Die Antwort gibt das tektonische Profil der Abb. 27, dessen Spur auf der tektonischen Karte der Abb. 26 eingetragen ist.

Huch, wie kompliziert, werden Sie wohl denken! Richtig, sagen auch wir in der Geologie. Die Alpen sind eines der komplexesten Gebirge der Welt und selbst nach 200 Jahren intensiver Forschung sind noch viele Fragen offen oder werden kontrovers diskutiert. Die Struktur des Profils von Abb. 27 ist jedoch sehr gut gesichert. Tektonische Übersichtsprofile

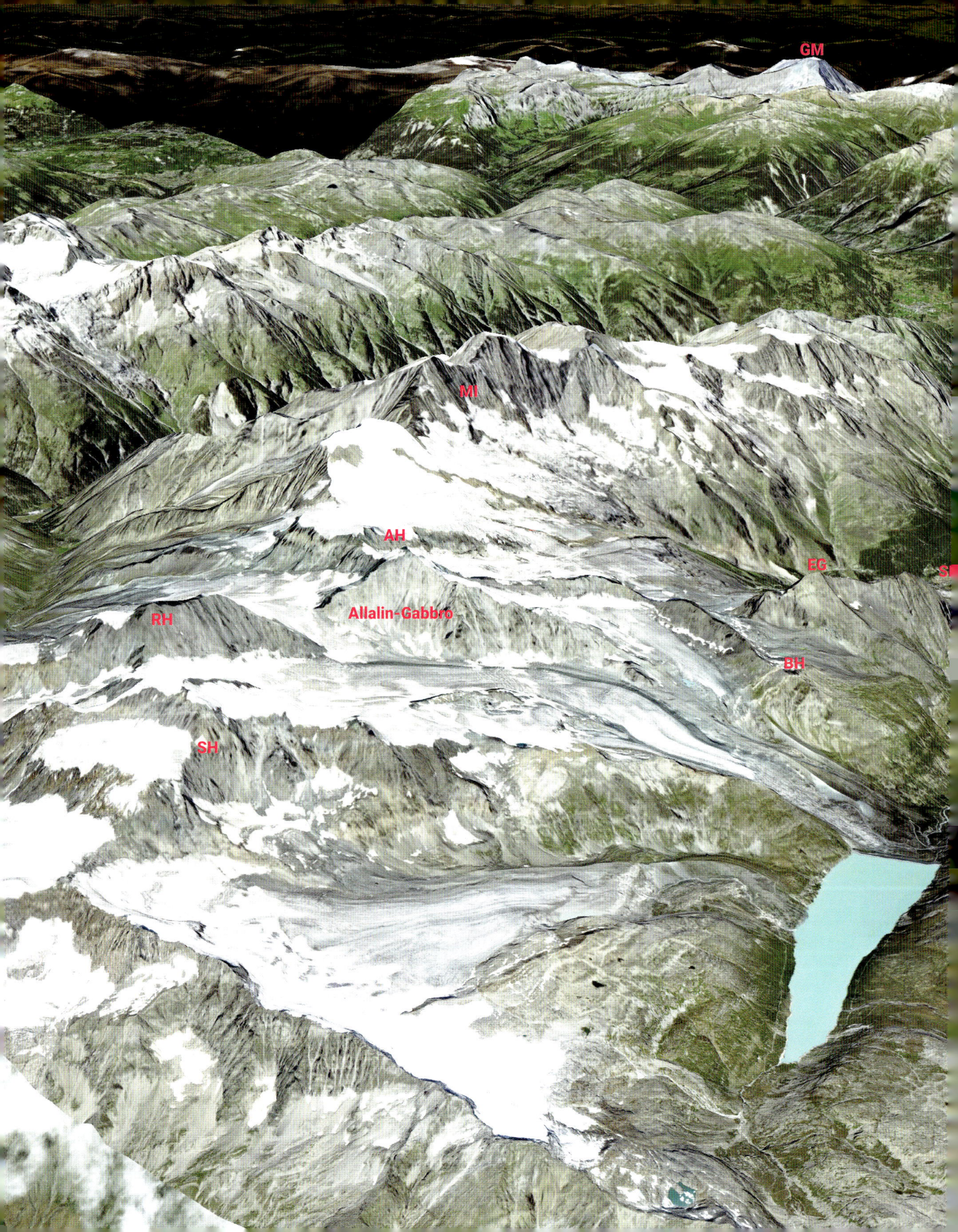
GM
MI
AH
EG
RH
Allalin-Gabbro
BH
SH

werden bei uns in der Regel mit N/NW links und S/SO rechts dargestellt. So halten wir es auch mit den Profilen der Abb. 26 und 33. Im Gegensatz dazu sind die beiden einfachen Lokalprofile durch das Allalinhorn der Abb. 17 und 38 andersherum gezeichnet – S links, N rechts. Das erscheint unlogisch, hat aber folgenden Grund: Das Allalinhorn und seine Umgebung kann mit seiner geologischen Struktur am besten von Osten her betrachtet werden. Alle, die die Gegend geologisch erkunden möchten, tun dies von der Saastalseite her – daher erblickt man die Berge vom Strahlhorn bis zum Mittaghorn und ihre tektonische Struktur eben von Osten her, und somit liegt dann S links und N rechts. Der Vergleich zwischen diesen beiden
Lokalprofilen und den Übersichtsprofilen fordert deshalb Ihr räumliches Vorstellungsvermögen etwas heraus!

Abb. 25 Dreidimensionales Satellitenfoto (ESRI ArcGIS) unseres Gebietes, aufgenommen von SSO gegen NNW, vom Grenzkamm gegen Italien im Vordergrund bis ins Mittelland im Hintergrund. Der Allalin-Gabbro hebt sich mit seiner helleren Farbe deutlich von den umgebenden Metabasalten und Serpentiniten ab. Auch weitere geologisch-tektonische Grenzen sind durchaus erkennbar – wenn Sie Lust haben, versuchen Sie einige im Vergleich zur tektonischen Karte der Abb. 26 oder der geologischen Karte der Abb. 15 zu erkennen.

AH = Allalinhorn,
BH = Britanniahütte,
EG = Egginer,
GM = Grand Muveran,
MI = Mischabelgruppe (mit Täschhorn und Dom),
RH = Rimpfischhorn,
SF = Saas-Fee,
SH = Strahlhorn.

Sie können erkennen, dass der nördliche Teil der rund 3 Kilometer mächtigen Zermatt-Saas-Decke mit dem Allalin-Gabbro darin eine nach Norden abfallende Stirnfalte bildet – die sogenannte Mittaghorn-*Synform*. Sie wird so genannt, weil ihre Umbiegung am Mittaghorn oberhalb von Saas-Fee liegt und bei gutem Licht auch erkennbar ist. Die Zermatt-Saas-Decke liegt überschoben auf der Monte-Rosa-Decke, einer «Monsterdecke» von rund 10 Kilometern Dicke, welche ebenfalls eine nach Norden abtauchende Deckenfalte bildet. Die bei Saas-Fee scheinbar über der Zermatt-Saas-Decke liegende Siviez-Mischabel-Decke ist durch eine riesige, gegen Südosten gerichtet Rückfalte in diese Lage geraten. Sie wird Rückfalte genannt, weil ja eigentlich die ganzen Deckenüberschiebungen und Falten der zentralen und nördlichen Alpen durch Schub von Südosten nach Nordwesten entstanden sind und die Falten deshalb auch nach NW «schauen» sollten. Die Rückfaltungen und Rücküberschiebungen im zentralen und südlichen Teil der Alpen sind die Folge des Eindringens der adriatischen Platte in der Tiefe, des sogenannten «adriatischen Stempels», gut erkennbar auf dem Profil. Wie sich diese Struktur entwickelte, kann an den Zeitreihen-Profilen von Kapitel 12 (Abb. 33) nachvollzogen werden.

Rund um die Zermatt-Saas-Decke

Auf ozeanischer Kruste werden im Meer auch Sedimentgesteine abgelagert. Und so sind auch in unserer Region metamorphe Sedimentgesteine anzutreffen, die zur Zermatt-Saas-Decke gehören. Der grösste Teil davon wurde als eigenständige Decke abgeschert, die erst weiter westlich in der Region Zermatt zum Vorschein kommt: die Tsaté-Decke. Südlich des Dreigestirns Strahl-, Rimpfisch- und Allalinhorn liegen die Berge in der Monte-Rosa-Decke, deren Oberkante unter dem Allalin- und Hohlaubgletscher durchzieht, an der Britanniahütte vorbei und weiter nach Norden unter den Wänden des Eggishorns durch bis nach Plattjen. Diese Decke besteht aus alten Gneisen und Schiefern. Die Grenze zwischen ihr und der Zermatt-Saas-Decke wird durch ein unterschiedlich mächtiges Band von metamorphen Sedimentgesteinen gebildet, mit auffälligen hellen Quarziten und gelblichen bis grauen Dolomit-/Calcit-Marmoren und *Rauwacken*. Der Britannia-Hüttenberg Klein Allalin wird aus diesen Gesteinen aufgebaut (Abb. 18i).
Die im Norden anschliessende Mischabel-Gruppe mit Alphubel–Täschhorn–Dom wird aus der gegen Süden über die Zermatt-Saas rückgefaltete Siviez-Mischabel-Decke gebildet, die, ähnlich wie die Monte-Rosa-Decke, aus alten Gneisen und Schiefern des ehemaligen europäischen Kontinentalrandes aufgebaut wird.

Die vierte Dimension – in die Tiefenzeit

Wir haben nun den Schritt von der Oberfläche in die 3D-Tiefe gemacht. In der Geologie gibt es aber noch eine vierte Dimension, nämlich die Zeit! Also fragen

Nachfolgende Doppelseite

Abb. 26 Tektonische Karte der Region rings um das Allalinhorn (oben), mit einer Einbettung in die tektonische Übersicht der Zentralalpen (unten), in welcher die Spur der Profile von Abb. 27 und 33 eingezeichnet ist. Die Legende rechts bezieht sich auf beide Karten.

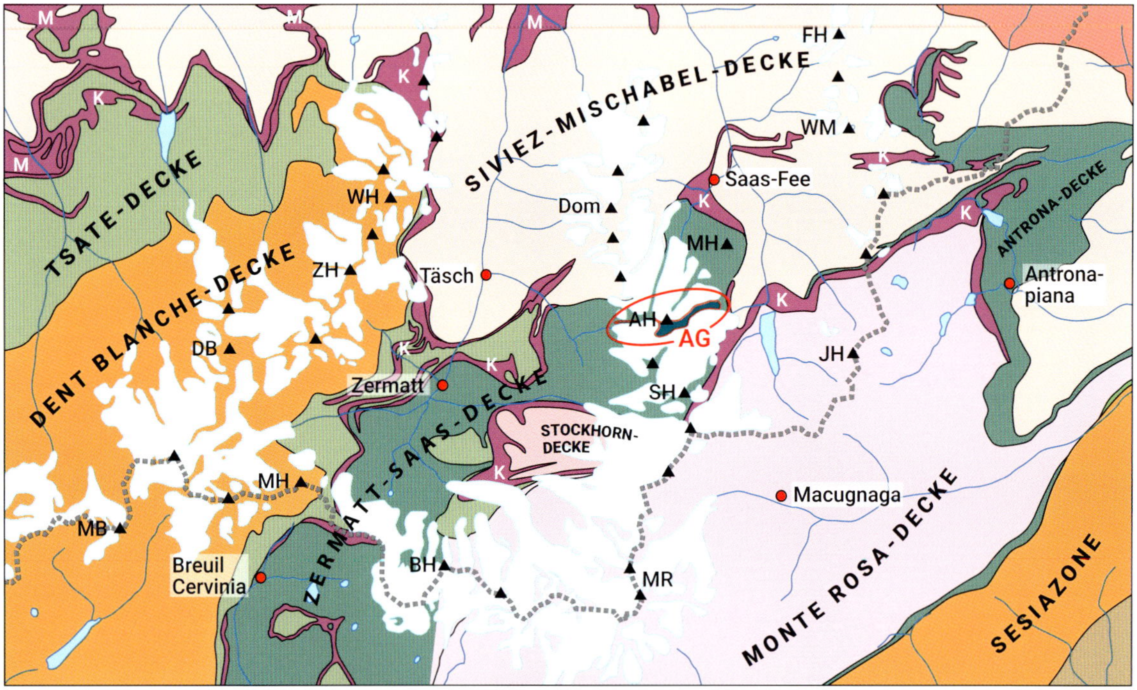
M
M
M
M
K
K
K
K
K
K
K
K
K
K
FH
WM
SIVIEZ-MISCHABEL-DECKE
TSATE-DECKE
WH
Saas-Fee
Dom
MH
ANTRONA-DECKE
ZH
Täsch
Antrona-
piana
DENT BLANCHE-DECKE
AH
AG
DB
JH
Zermatt
SH
STOCKHORN-
DECKE
ZERMATT-SAAS-DECKE
MH
Macugnaga
MB
Breuil
Cervinia
BH
MR
MONTE ROSA-DECKE
SESIAZONE

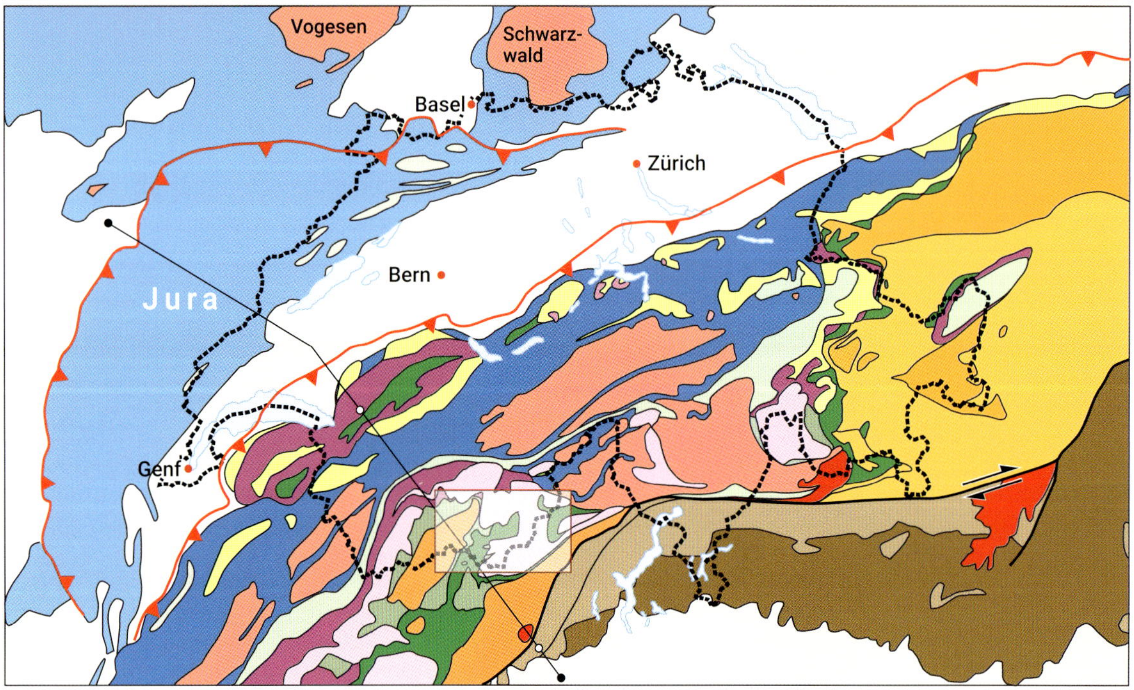
Vogesen
Schwarz-
wald
Basel
Zürich
Bern
Jura
Genf

Tektonische und paläogeografische Stellung	Tektonische Einheiten	Häufige Gesteine
Molassebecken S und N der Alpen	Nord- und Südalpine Molasse	Sandsteine, Konglomerate, Mergel
Herkunft helvetisch bis oberpenninisch	Flysch	Turbititabfolgen Sandstein - Tonschiefer
Europäische Kontinentalplattform	Ketten-, Plateau- und Tafeljura, gegen Norden weitgehend undeformiert	Kalke, Mergel, Gips, Tongesteine
Helvetikum Europäischer Kontinentalrand	Helvetische Sedimentgesteinsdecken	Kalke, Mergel, Kalksandsteine, Tongesteine
	Helvetisches, vor-mesozoisches Grundgebirge	Gneise, Granite
Unterpenninikum Walliser Becken	Unterpenninische, kaum bis leicht metamorphe Sedimentgesteinsdecken	Kalke, Mergel, Schiefer («Bündnerschiefer»)
Mittelpenninikum Briançonnais, Iberischer Mikrokontinent	K M – Mittelpenninische, leicht metamorphe Sedimentgesteinsdecken, Klippendecken. K: Karbon bis Trias; M: Mesozoikum bis Tertiär	Glimmerschiefer, Marmore, Quarzite
	SM MR SH – Mittelpenninisches, vor-mesozoisches Grundgebirge; Siviez-Mischabel Decke (SM), Monte Rosa Decke (MR), Stockhorndecke (SH)	Gneise, Granite
Oberpenninikum Piemont-Ozean	Sedimentgesteinsdecken (metamorphe Sedimentbedeckung des Ozeanbodens)	Radiolarite und Kalkglimmerschiefer («Bündnerschiefer»)
	AG – Ophiolithdecken (ozeanische Kruste) mit Allalin-Gabbro (AG)	Metabasalte und -gabbros, Serpentinit, diverse metamorphe Sedimentgesteine
Salassikum (ehem. Unterostalpin) Mikrokontinent	Vor-mesozoisches Grundgebirge sowie wenige mesozoische, metamorphe Sedimentgesteine	Gneise, Metagabbros
Ostalpin Adriatischer Kontinentalrand	Ostalpine Sedimentgesteinsdecken	Dolomite, Kalke, Mergel, Sandsteine
	Ostalpines, vor-mesozoisches Grundgebirge	Gneise, Amphibolite, Granite
Südalpin Adriatischer Kontinentalrand	Südalpine Sedimentgesteinsdecken	Dolomite, Kalke, Mergel, Sandsteine
	Südalpines, vor-mesozoisches Grundgebirge	Gneise, Amphibolite, Granite
Intrusionen entlang der periadriatischen Bruchzone	Intrusionen alpinen Alters	Granite, Tonalite, Gabbros

Haupt-Überschiebungsfronten

Transformstörung mit Schersinn (Periadriatische Bruchzone)

Spur des Profils in Abb. 27

Spur der Profile in Abb. 33

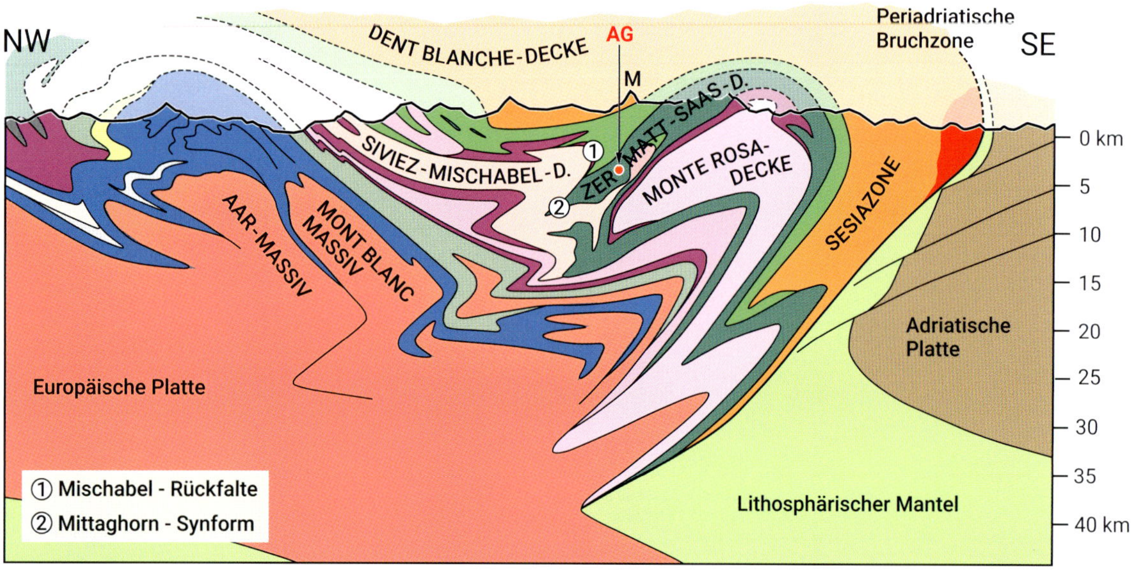

wir Geologen auch immer: Wie sah es früher aus, und wie entwickelte sich alles von damals bis heute?

Über die Verschiebungen der Erdplatten, die damit verbundenen Veränderungen der Meeresbecken mit ihren Ablagerungen, den Hebungs- und Absenkungsvorgängen, dem Vulkanismus und den Gebirgsbildungen der letzten rund 750 Mio. J. wissen wir heute gut Bescheid. Je länger zurück, desto unsicherer werden unsere Rekonstruktionen.

Die Abb. 28 zeigt eine Karte der Grossregion Mitteleuropa vor 120 Mio. J., eine «paläogeografische Karte». Die schwarze Linie markiert die Lage der Profilserie von Abb. 33. Noch gab es keine Alpen, und Saas-Fee lag in subtropischen Breiten unter Meeresbedeckung. Der Allalin-Gabbro steckte noch tief in der Unterkruste von Adria/Salassikum. Was er danach bis zu seiner heutigen Lage erlebt hat, wird in Kapitel 12 erzählt.

Abb. 27 Tektonisches Übersichtsprofil durch die Walliser Alpen, entlang der in der Karte der Abb. 26 eingetragenen Spur. Weil das Profil einige Kilometer westlich vom Allalinhorn durchzieht, und der ganze Decken-/Faltenstapel von Ost gegen West mit rund 20 Grad einfällt, ist die Lage des Allalin-Gabbros im Profilschnitt nicht an der Oberfläche, sondern in rund 8 km Tiefe.

Abb. 28 So stellte sich die Karte des Mittelmeer-Grossraums vor rund 120 Millionen Jahren (Untere Kreidezeit) dar. Noch nichts von den Alpen und allen anderen alpidischen Gebirgsketten, sondern im Wesentlichen ein riesiges Flachgebiet, zum grössten Teil meeresbedeckt, mit Flachmeeren über den weitläufigen Kontinentalschelfen und Tiefmeeren über der neu gebildeten Ozeankruste. Die späteren Zentralalpen entstanden etwa entlang der schwarzen Profillinie. Die damalige Lage der späteren Decken rund um Saas-Fee sowie des Allalin-Gabbros sind eingetragen. Welch Unterschied zu heute – alles Folge der tektonischen Plattenbewegungen!

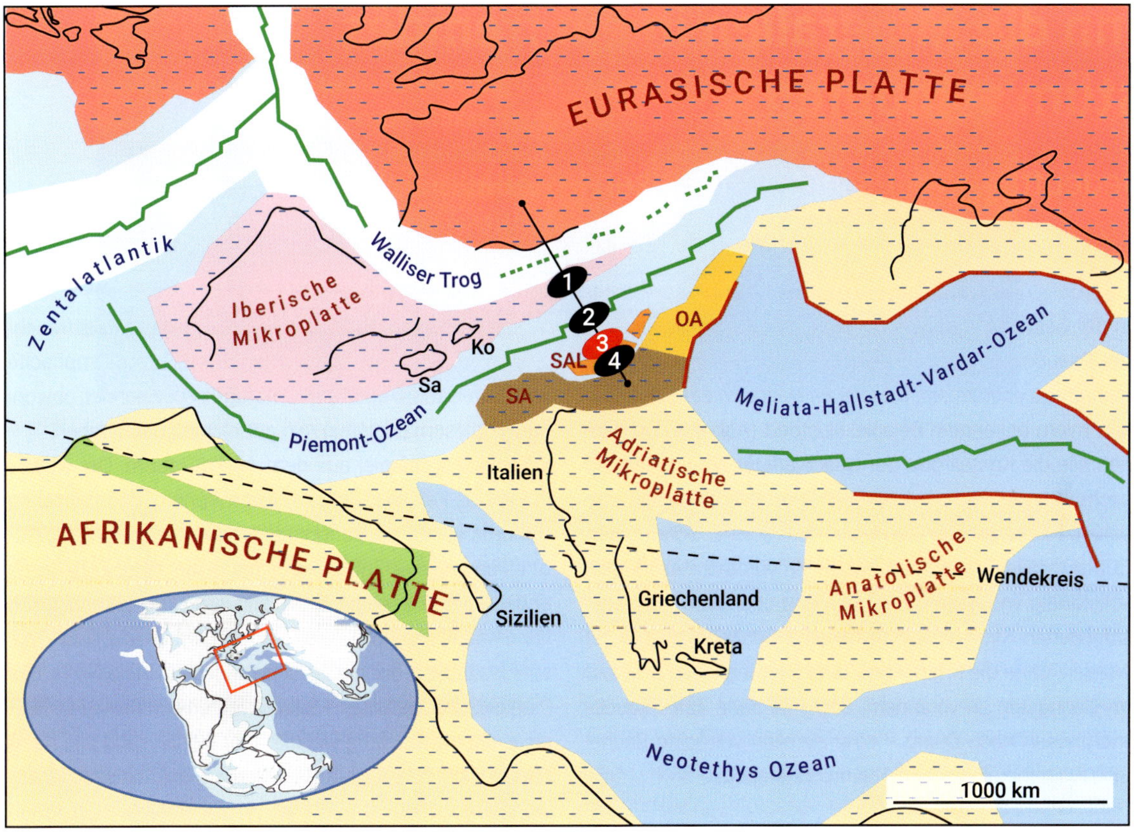

Heutige Küstenlinien | Subduktionszonen / Überschiebungsfronten | Grabenbruch
Ozeanische Kruste (je heller, desto jünger) | (Mittelozeanische Rücken (unsicher))
Kontinentale Kruste, von Wasser bedeckt (Schelfmeere) | Spur der Profile in Abb. 33

SA: Salassikum; SAL: Südalpin; OA: Ostalpin; Sa: Sardinien; Ko: Korsika; 1: Siviez-Mischabel-Decke/Monte Rosa-Decke; 2: Zermatt-Saas-Decke; 3: Allalin-Gabbro; 4: Dent Blanche-Decke

Tabelle 3

Übersicht über die Pseudomorphosen nach den drei magmatischen Mineralien Plagioklas, Augit und Olivin im Allalin-Gabbro

	Magmatische Ausgangs-Mineralien und deren metamorphe Pseudomorphosen		
Phasen	**Plagioklas**	**Augit**	**Olivin**
Magmatisch	**Plagioklas** Nie vollständig erhalten, immer schon entlang von Mikrorissen beginnende Saussuritisierung des Coronastadiums	**Augit** Oft praktisch vollständig erhalten, manchmal mit feinsten Säumchen von Omphacit aus dem Coronastadium.	**Olivin** Nie vollständig erhalten, immer schon entlang von Mikrorissen und in feinen Coronas beginnende Umwandlungen des Coronastadiums. In den reliktisch erhaltenen Bereichen jedoch noch sehr frisch geblieben.
«Corona-Stadium» = Übergang	**Saussurit 1** Dichte, harte, porzellanartige weisse Masse aus mikroskopisch-submikroskopisch feinst verwachsenen Mineralien (Zoisit, Jadeit, Quarz).	**Augit** Meist noch weitgehend erhalten, mit feinen grünlichen Rändern aufgrund beginnender Omphacit-Bildung.	**Olivin-Pseudomorphosen** Pseudomorphosen aus innen Orthopyroxen/Chlorit, mit feinsten Granat-Säumchen (Coronas).
Eklogit-Fazies	**Saussurit 2** Weisse, auch grünliche bis graue oder bläuliche, feinkörnige Masse, Mineralien nur im Mikroskop erkennbar: Zoisit, Disthen, mit wechselnden Anteilen von Omphacit und/oder Glaukophan, manchmal auch schwarzem Mg-Chloritoid und Granat.	**Chrom-Omphacit (= «Smaragdit»)** Knall- bis sattgrüne Pseudomorphosen aus Omphacit, der durch das im Augit immer vorhandene Chrom knallgrün gefärbt ist. Im Mikroskop zeigt sich, dass im Omphacit eingelagert feinste Schüppchen von Talk und Rutil vorkommen.	**Olivin-Pseudomorphosen** Eine grosse Vielfalt von Pseudomorphosen, je nach ursprünglichem Mengenverhältnis von Olivin-Plagioklas-Augit. Die auffälligsten Pseudomorphosen bestehen innen aus Talk (mit zuweilen etwas Disthen/Chlorit) und aussen aus rötlichem Granat. In dunkleren, ehemals trokolithischen Varietäten können die Innenteile ganz aus mattgrünem Omphacit bestehen, die Säume aus schwarzem Mg-Chloritoid. In späteren Phasen der Eklogit-Metamorphose kann auch lilablauer Glaukophan überhandnehmen.
«Symplektit-Stadium» = Übergang	**Saussurit 2 a** Wie Saussurit 2, aber mit zuweilen blaugrünem Amphibol oder Epidot.	**Chrom-Omphacit-Relikte** Wie oben, aber mit Neubildungen von Glaukophan bis blaugrünen Amphibolen; die Färbung wird dunkler und matter grün.	**Olivin-Pseudomorphosen** Zunehmender Ersatz der eklogitfaziellen Mineralien durch blaugrüne/grüne Amphibole und Chlorit.
Grünschiefer-Fazies	**Saussurit 3** Weisse, feinkörnige Masse, manchmal sind die Mineralien mit einer guten Lupe erkennbar → Zoisit, Albit, auch Hellglimmer.	**Aktinolith** Die ehemaligen Augite bzw. Chrom-Omphacite sind vollständig durch grüne Aktinolith-Amphibole ersetzt.	**Olivin-Pseudomorphosen** Bestehen aus dicht verwachsenen graugrünen Aggregaten aus Chlorit und Aktinolith, farblich etwas dunkler und stumpfer als die Augit-Pseudomorphosen.

30a | 30
30c | 30

31a	31b	31e	31f
31c	31d		31g

Abb. 31 Auswahl verschiedener Erscheinungsformen von Olivin Pseudomorphosen im Allalin-Gabbro – es gibt noch weitere Varietäten, abhängig von den ursprünglichen Mengenanteilen von Plagioklas, Augit und Olivin und vom Metamorphose-Stadium.

Abb. 31a Coronastadium. Olivin innen, aussen Orthopyroxen.

Abb. 31b Eklogitfazies. Häufigste und sehr auffällige Pseudomorphosen: weisser Talk innen, rotbraune Granatsäume.

Abb. 31c Eklogitfazies. Ähnlich wie b), aber im Talk eingebettet noch etwas Disthen und Glaukophan.

Abb. 31d Eklogitfazies. Innen lila Glaukophan, unregelmässig rotbraune Granatsäume

Abb. 31e Eklogitfazies. Ähnlich wie d), innen lila Glaukophan und etwas Talk, keine Granatsäume

Abb. 31f Eklogitfazies. Von innen nach aussen: etwas weisser Talk, dann mattgrüner Omphacit, Säume von schwarzem Mg-Chloritoid.

Abb. 31g Eklogitfazies, ehemals olivin- und augitreicher Gabbro. Innen grüner Omphacit, dicke Säume aus Granat.

12

Rauf, rüber, runter, drüber und wieder hoch

Der geologische Werdegang des Allalin-Gabbros

«Gesteine sind die Geschichtsbücher der Erde.»
(Leopold von Buch, deutscher Geologie-Pionier
und Gabbro-Forscher, 1774–1853)

Das obige Zitat kommt so locker und eindeutig daher. Die Geologen kennen ja die Sprache der Gesteine, das ist schliesslich ihr Beruf, und müssen dann «nur» noch deren Geschichte lesen. Die Herausforderung dabei ist: Diese «Gesteins-Geschichtsbücher» sind meist in einem ziemlich unordentlichen bis desolaten Zustand. Da sind Löcher drin, es fehlen ganze Seiten, andere sind mehrfach überschrieben, andere ziemlich verschmiert, und je älter die Gesteine, desto undeutlicher wird die Schrift. Deshalb gleicht die geologische Arbeit beim Entziffern der Gesteinsgeschichten derjenigen von Detektiven. Indizien müssen gewertet und verglichen, Spuren entziffert und zusammengesetzt werden, geduldiges Sammeln von Beobachtungen und Messungen ist nötig, auf kleinste Details muss geachtet und gleichzeitig der grosse bis globale Rahmen im Auge behalten werden.

So auch beim Allalin-Gabbro. Mit seiner verwirrenden Vielfalt von Erscheinungsformen und Farben lädt er geradezu ein, seine Geschichte zu ergründen, vor allem auch, weil er ja Informationen seiner gesamten Geschichte bruchstückhaft bereithält. Was hier folgt, bildet den heutigen Stand der jahrzehntelangen «Geo-Detektivarbeit» an unserem «Fall» ab. Illustriert wird dies anhand der Schautafel von Abb. 32, der Querprofile in zeitlicher Abfolge von Abb. 33 und im Metamorphose-Faziesdiagramm der Abb. 34.

Die nachfolgende, recht ausführliche Diskussion soll Sie ein wenig nacherleben lassen, wie geologische Forschung funktioniert. Wenn Ihnen das zu viel sein sollte: Kein Problem, springen Sie einfach zum Fazit am Ende dieses Kapitels, und vergleichen Sie dieses mit den beiden Illustrationen.

Die Entstehung – bis heute mit einigen Fragezeichen

Die heutige Lage des Allalin-Gabbro als linsenartiger Körper mitten in den Metabasalt- und Serpentinitgesteinen der Zermatt-Saas-Decke (Abb. 15 und 17), welche eindeutig und unzweifelhaft ein ehemaliges Stück Ozeankruste darstellt, führte fast alle Geologen bisher dazu, den Allalin-Gabbro ganz selbstverständlich als Teil dieser Ozeankruste zu interpretieren. Seine Strukturen, seine Erscheinungsformen und die vielen Metabasaltgänge (vgl. Kapitel 7) passen zu typischen Ozeankrusten-Gabbros. Also gut: Der Allalin-Gabbro sei ein Stück Ozeankruste. Nächste Frage: Wann wurde er gebildet? Glücklicherweise finden sich im Allalin-Gabbro, wenn auch in sehr geringen Mengen, mikroskopisch kleine Kristalle des magmatischen Minerals *Zirkon*, diesem für die Altersbestimmung so zentral wichtigen Mineral. Denn Zirkon baut bei der Kristallisation aus dem Magma gerne etwas Uran ein, welches infolge seiner natürlichen Radioaktivität nach dem Einbau ganz langsam zu Blei zerfällt. Diese sekundären Bleiatome bleiben in den Zirkonkristallen gefangen. Weil man die *Halbwertszeit* dieser radioaktiven Zerfälle sehr genau kennt und heute die Mengen von Uran- und Bleiatomen in den winzig kleinen Zirkonkristallen ebenfalls sehr genau messen kann, kann das Kristallisationsalter der Zirkone bestimmt werden. Diejenigen des Allalin-Gabbros ergaben nach einer Arbeit eines schweizerisch-australischen Teams von 1998 ein Alter von 163,5 ± 1,8 Mio. J. Das liegt an der Wende von mittlerer zu später Jurazeit und passt sehr gut in die aus anderen geologischen «Geschichtsbuchseiten» bekannte Entwicklung des Piemont-Ozean-Beckens, diesem Teilbereich des Tethys-Ozeans.

Also alles klar? Leider – oder zum Glück? – Nein! Hier wird das in Kapitel 6 schon Erläuterte nochmals aufgenommen, weil es für die Entstehung des Allalin-Gabbros so bedeutsam ist. Die beiden renommierten «Geo-Detektive» Kurt Bucher und Rodney Grapes untersuchten in einer umfangreichen und sorgfältigen Arbeit die im Allalin-Gabbro zonenweise erhaltenen magmatischen Mineralien chemisch sehr genau und wendeten darauf sogenannte «Geo-Thermo-/Barometer» an. Aus den chemischen Zusammensetzungen können für bestimmte Mineralien oder Mineralpaare die Druck- und/oder Temperaturbedingungen bei ihrer Bildung ermittelt werden. Die Überraschung war gross, als sie für die Bildung des Allalin-Gabbros bei typischen Kristallisationstemperaturen um 1200 °C Drucke von 6–8 kbar und mithin Krustentiefen von 20–25 km ermittelten. Das ist in ozeanischer Kruste unmöglich, ist diese doch maximal 5–8 km mächtig. Die beiden postulierten deshalb, dass der Allalin-Gabbro in der Unterkruste des südöstlich an den Piemont-Ozean anschliessenden Mikrokontinent Adria (dieser Abspaltung von Afrika) intrudierte und kristallisierte bzw. in diesem Teil von Adria, der neuerdings als «Salassikum» bezeichnet wird (nach dem keltischen Stamm der Salassier im Aostatal). Dazu passte auch, dass die chemische Zusammensetzung des Allalin-Gabbros nicht gut zu den Ozeankrusten-Gabbros passte, sondern eher zu Krusten-Gabbros. Auch die Mineral-Neubildungen während der sogenannten «Corona-Phase» im Gestein, welche weiter unten vorgestellt wird, passten aus ihrer Sicht nicht zur Entstehung in der Ozeankruste.

Die beiden Forscher postulierten, dass der Allalin-Gabbro somit erst später von der unter den Mikrokontinent abtauchenden Piemont-Ozean-Kruste mitgerissen und tektonisch in diese eingeschuppt wurde. Die notwendigen Fluids für die metamorphen Mineralreaktionen konnten aus den mitsubduzierten Metasedimenten und Serpentiniten herbeigeführt worden sein.

Ozeanische Metamorphose: ja oder nein?

An mittelozeanischen Rücken kann Meerwasser entlang der zahlreichen Dehnungs-Bruchzonen bis mehrere Kilometer tief in die Ozeankruste eindringen, dort erhitzt werden und die wasserfreien primärmagmatischen Mineralien Plagioklas, Augit und Olivin zu wasserhaltigen Silikatmineralien umwandeln (Abb. 10). Man spricht von einer «Hydrothermal-Metamorphose». In der Gabbroschicht finden diese in der Regel bei grünschieferfaziellen Bedingungen von rund 300–450 °C statt. Obwohl der Allalin-Gabbro ja zonenweise Zeugnisse aller seiner Entwicklungsstadien zeigt, sind bisher keine mineralogischen Hinweise auf eine ozeanische Hydrothermal-Metamorphose gefunden worden.

Andererseits schloss der englische Geologe A. Barnicoat (s. Kapitel 17) in seiner Arbeit von 1987 über westalpine Gabbros aufgrund von Untersuchungen der Sauerstoff-Isotope in den Mineralien, dass die Gabbros eine ozeanische Metamorphose erlebt haben – und demzufolge Teil der Ozeankruste gewesen sein mussten. Dass keine mineralogischen Spuren davon erhalten blieben, erklärt er dadurch, dass die durch die Ozeanmetamorphose mit Fluid versetzten Partien dann später bei der Hochdruck-Metamorphose vollständig rekristallisierten und alle Spuren der Ozeanmetamorphose ausgelöscht wurden. Die neueste Untersuchung der Berner Nachwuchsforscherin Julia Dietrich von der Uni Bern und ihre Professoren stützen diese Interpretation; sie stufen den Allalin-Gabbro als normalen Ozeankrusten-Gabbro ein, der sein Fluid bei der Ozeanmetamorphose aufgenommen hat. Da die Diskussion über diese neuen Resultate noch nicht abgeschlossen ist, halte ich mich in diesem Buch an die Interpretation von Bucher und Grapes, die den Allalin-Gabbro als ein «Exot» in der Zermatt-Saas-Decke betrachten. Dies nicht zuletzt auch wegen des nächsten Umwandlungsstadiums des Allalin-Gabbros, dem sogenannten Coronastadium.

Das rätselhafte Corona-Stadium

In den Gabbropartien mit teilweise erhaltenen magmatischen Mineralien

Nachfolgende Doppelseite:

Abb. 32 Schautafel, auf welcher die Entwicklungsstadien auf einer Zeitachse von links nach rechts dargestellt sind. Die Prinzip-Skizzen der jeweiligen Pseudomorphosen von Plagioklas («Saussurit»), Augit und Olivin beziehen sich auf deren makroskopische Sichtbarkeit.

Die Abkürzungen der Mineralnamen sind in Anhang E Seite 227 aufgelistet.

Phase Geologische Zeit und Prozess	**1 Bildung** Mittlere Jurazeit, 164 Mio. J., in der salassischen Unterkruste	**2 Coronastadium** Zwischen Bildung und Subduktion, in granulifaziellen Bedingungen der Unterkruste	**3 Subdukion** Eozän, ab ca. 50 – 44 Mio. J. Piemont-Ozean- und Lithosphäre des Salassikums unter Adriat. Kruste
Druck P (kbar) / Tiefe (km), Temperatur T (°C), Geschwindigkeit v (cm / Jahr)	P ca. 7 kbar / um 24 km, T ca. 1200 °C, v unbekannt	P ca. 9.5 kbar / 30 km, T ca. 825 °C, v unbekannt	P Zunahme bis 26 kbar / 90 km, T abnehmend, v 1–3 cm / Jahr
Kontext	Langsame Kristallisation mit Bildung von magmatischen Strukturen (Schichtung, Gradierung, pegmatoiden Nestern), Intrusion von Basaltgängen mit Abschreckungsrändern.	Krustenverdickung, Beginnende Umwandlungen von Plagioklas (Zoisit) und Olivin mit typisch granulitfaziellen Mineralien (Granat, Orthopyroxen).	Die schnelle Fahrt in die Tiefe äussert sich nicht in den Mineralogien – oder es sind eben die instabilen Bildungen des Coronastadiums.
Tiefenlage des Allalin-Gabbros in km (stark vereinfacht)		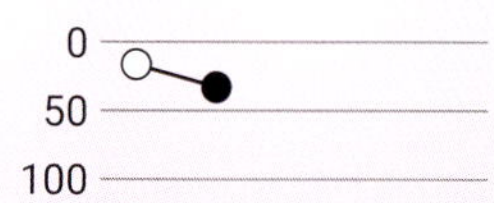	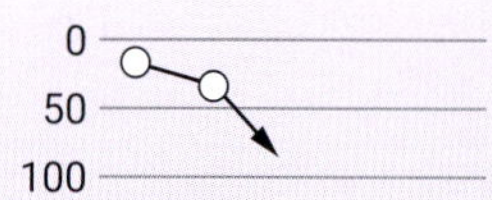
Plagioklas bzw. Plagioklas-Pseudomorphosen («Saussurit»)	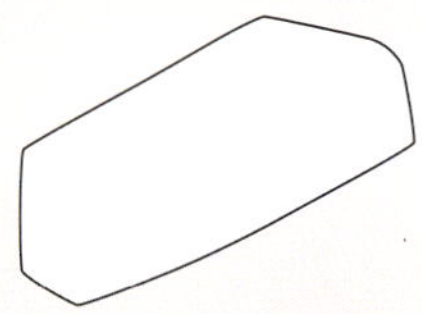 Pl	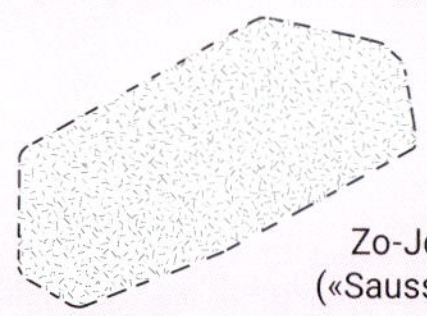 Zo-Jd-Qz («Sauss 1»)	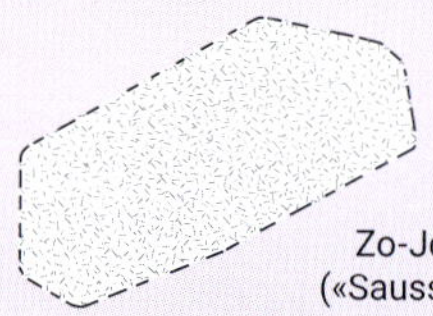 Zo-Jd-Qz («Sauss 1»)
Augit bzw. Augit-Pseudomorphosen («Smaragdit»)	 Aug	 Aug ± Omp-Säume	 Aug ± Omp-Säume
Olivin bzw. Olivin-Pseudomorphosen	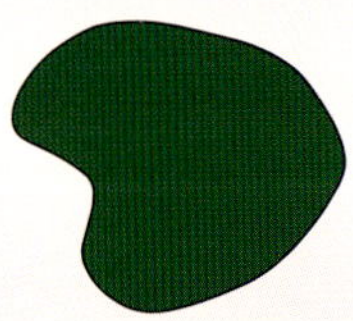 Ol	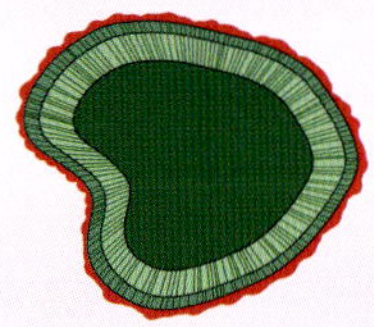 Ol-Chl-Opx-Grt	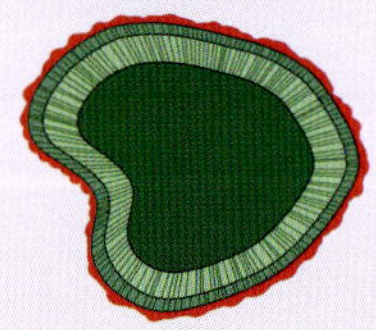 Ol-Chl-Opx-Grt
Typisches Makrofoto	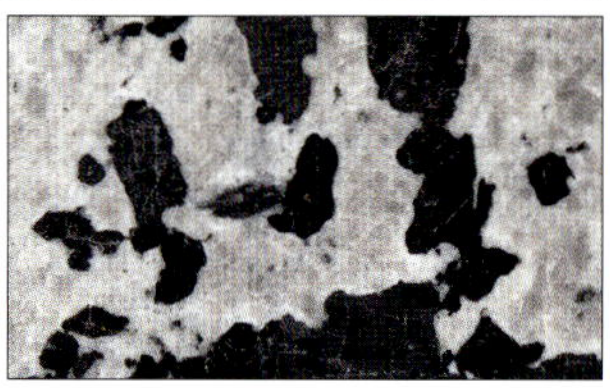		

4 Hochdruck-Metamorphose in Eklogitfazies	5 Obduktion/ Symplekitstadium	6 Metamorphose in Grünschieferfazies	7 Hebung und Abtragung
Eozän, um 44 Mio. J.	Eozän, von 44 – ca. 38 Mio. J.	Eozän, um ca. 38 Mio. J.	Bis heute andauernd, Gletschertransport ins Mittelland
P ca. 26 kbar/90 km, T ca. 610 °C, v – Umkehr	Druckabnahme bis 5 kbar, leichte Temperaturabnahme, v 1–2 cm/J.	P ca. 5 kbar/18 km, T ca. 450–500°C, v starke Verlangsamung	P bis in die heutige Lage, Temperatur abnehmend, v um 0.1cm/J.
Ein beträchtlicher Teil des Gabbrokörpers rekristallisiert vollständig zu Hochdruck-Gleichgewichts-Paragenesen. Spröde und duktile Deformation; Adern mit Hochdruck-Mineralien	Rasche Anhebung im Zuge der Kollision von Europa/ Iberia (Briançonnais) mit Salassikum/Adria. An Sprödeformation gebundene, unvollständige, retrograde Mineralreaktionen.	Zonenweise vollständige Rekristallisation, verbunden mit duktiler Deformation zu grünschieferfaziellen Flasergabbros, z.T. begleitet von Verfaltungen.	Nur noch sehr lokale, an Brüche gebundene Mineralausfällungen → Adern aus Albit, seltener Prehnit Calcit, sehr selten Skapolith.

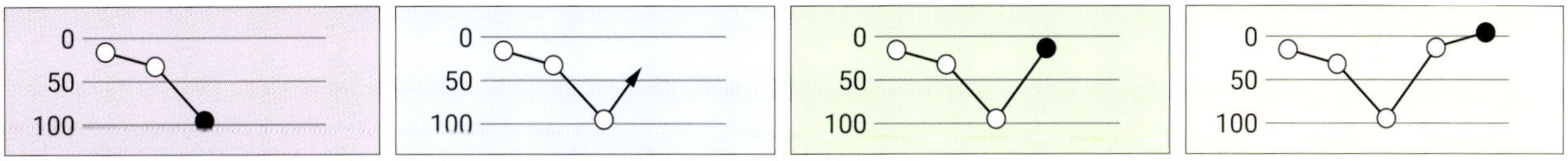

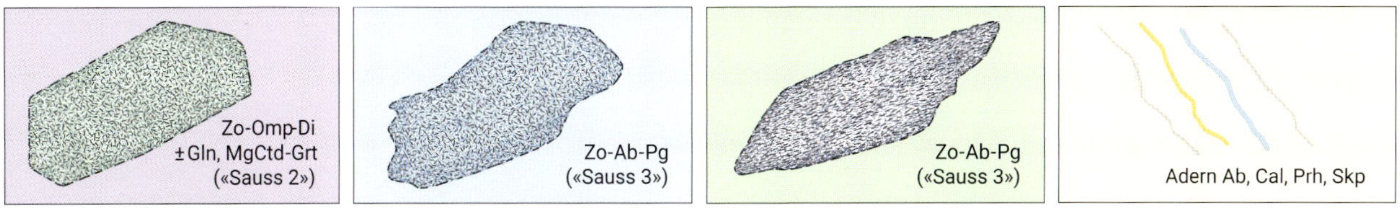

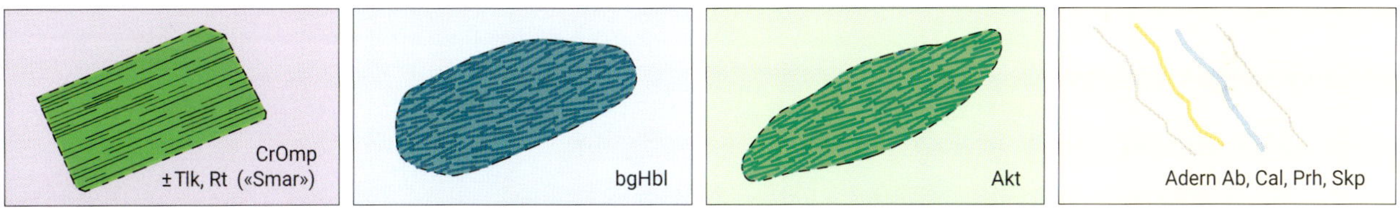

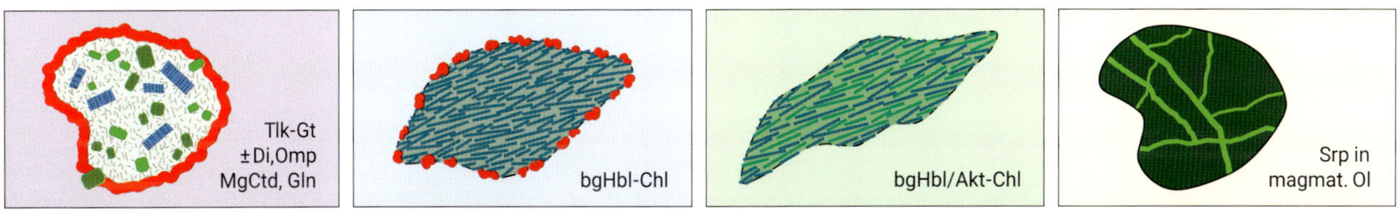

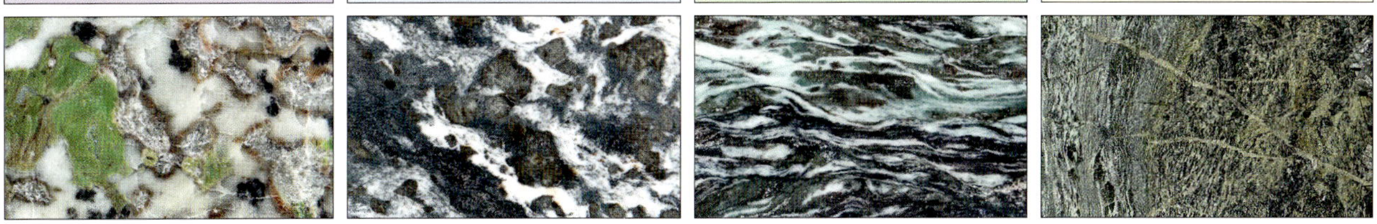

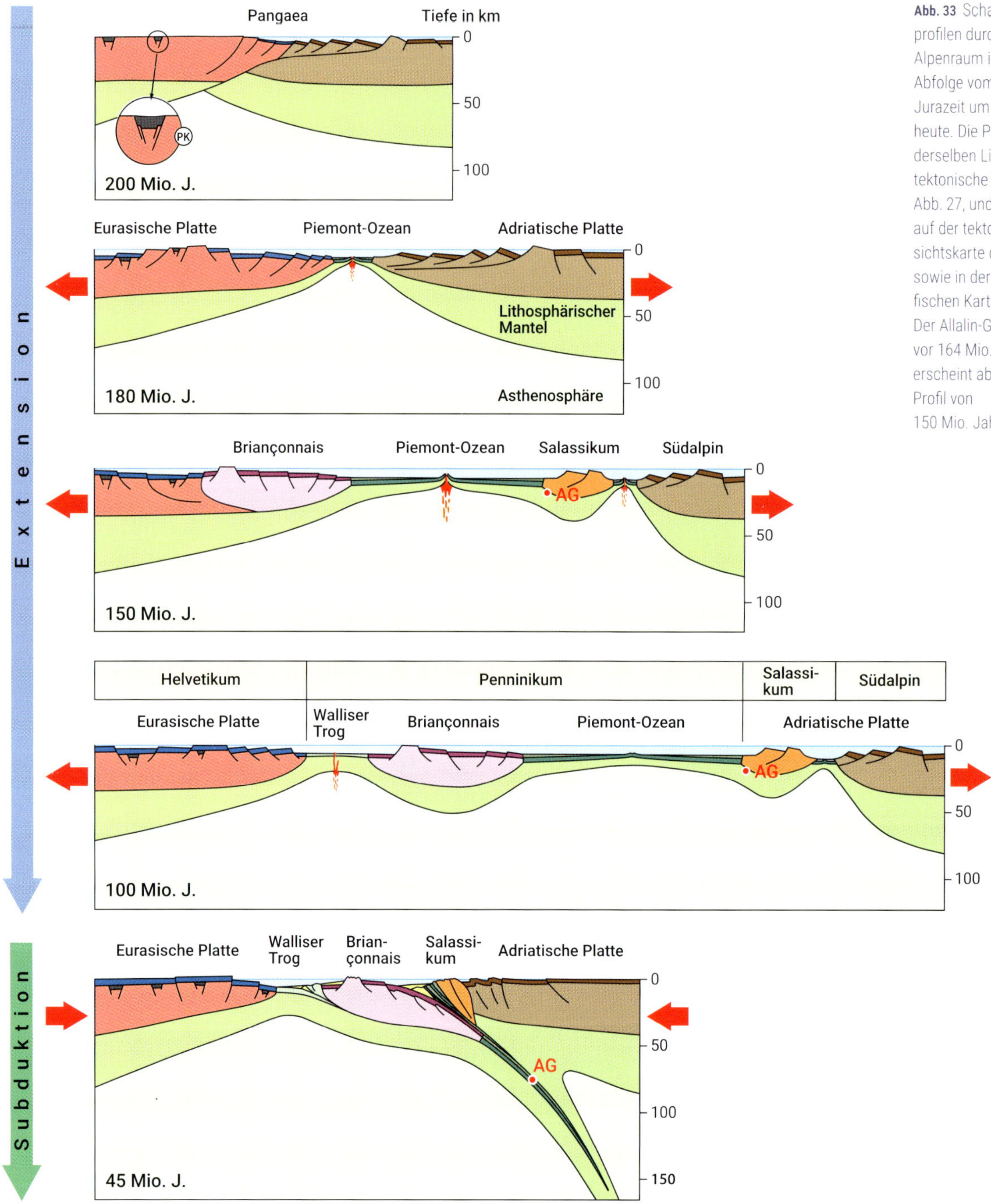

Abb. 33 Schautafel mit Querprofilen durch den zentralen Alpenraum in einer zeitlichen Abfolge vom Beginn der Jurazeit um 200 Mio. J. bis heute. Die Profilserie folgt derselben Linie wie das tektonische Profil der Abb. 27, und ist eingetragen auf der tektonischen Übersichtskarte der Abb. 26, sowie in der paläogeografischen Karte der Abb. 28. Der Allalin-Gabbro, gebildet vor 164 Mio. Jahren, erscheint ab dem dritten Profil von 150 Mio. Jahren (AG).

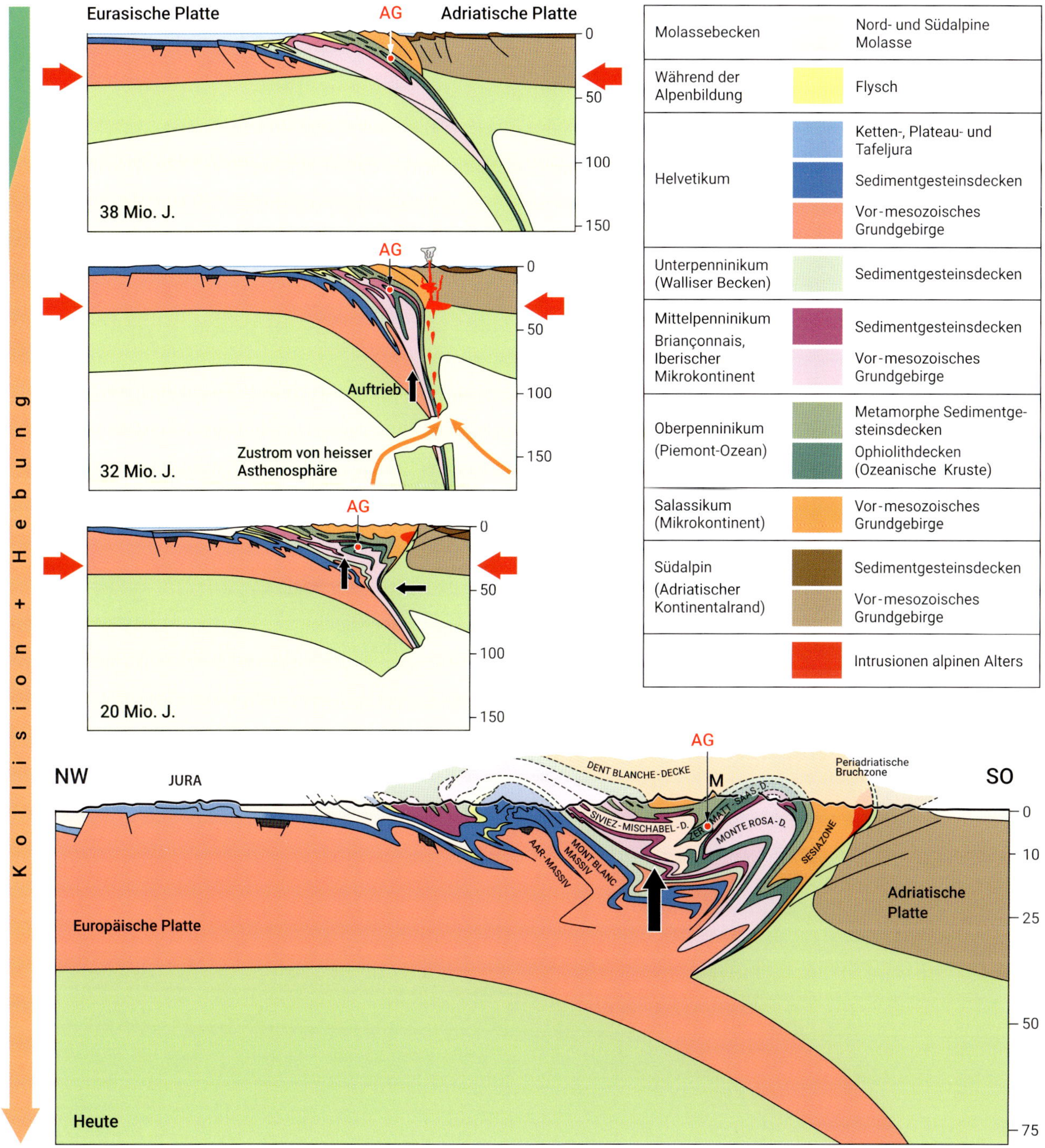

Kollision + Hebung
Eurasische Platte
AG
Adriatische Platte
38 Mio. J.
0
50
100
150
AG
Auftrieb
Zustrom von heisser Asthenosphäre
32 Mio. J.
AG
20 Mio. J.
NW
JURA
DENT BLANCHE-DECKE
AG
M
Periadriatische Bruchzone
SO
SIVIEZ-MISCHABEL-D.
ZERMATT-SAAS-D.
MONTE ROSA-D.
SESIAZONE
AAR-MASSIV
MONT BLANC MASSIV
Europäische Platte
Adriatische Platte
Heute
0
10
25
50
75
Molassebecken
Nord- und Südalpine Molasse
Während der Alpenbildung
Flysch
Helvetikum
Ketten-, Plateau- und Tafeljura
Sedimentgesteinsdecken
Vor-mesozoisches Grundgebirge
Unterpenninikum (Walliser Becken)
Sedimentgesteinsdecken
Mittelpenninikum Briançonnais, Iberischer Mikrokontinent
Sedimentgesteinsdecken
Vor-mesozoisches Grundgebirge
Oberpenninikum (Piemont-Ozean)
Metamorphe Sedimentgesteinsdecken
Ophiolithdecken (Ozeanische Kruste)
Salassikum (Mikrokontinent)
Vor-mesozoisches Grundgebirge
Südalpin (Adriatischer Kontinentalrand)
Sedimentgesteinsdecken
Vor-mesozoisches Grundgebirge
Intrusionen alpinen Alters

lassen sich, nur im Mikroskop sichtbar, recht eigenartige Umwandlungen beobachten. Im Plagioklas lassen sich, oft ansetzend an Korngrenzen und entlang von Mikrorissen, feinste Nadeln von Zoisit finden (Abb. 56a), einem wasserhaltigen Calciumsilikat – eindeutig eine Hydratisierung infolge Eindringens eines wässrigen Fluids. In etwas fortgeschritteneren Stadien wird der Plagioklas durch eine extrem feinkörnige, dichte Pseudomorphosen-Masse ersetzt, welche aus Zoisit, Jadeit und Quarz besteht. Jadeit-Quarz ist eine klassische Hochdruck-Paragenese. Diese mikrokristallinen, makroskopisch milchweissen Pseudomorphosen bezeichne ich als «Saussurit 1» (Abb. 30a).

Zwischen Olivin und Plagioklas bilden sich Reaktionssäume, die sich schalenartig um die rundlichen Olivinkörner legen (Abb. 30a, 56b). Solche Strukturen werden in der Gesteinskunde «Coronas» genannt. Diese bestehen aussen aus einem feinen Granatsaum und einer Zone aus farblosem Orthopyroxen. Beides sind wasserfreie Mineralien, die als Paragenese typisch sind für hohe Temperaturen und Drucke der Granulitfazies (s. Faziesdiagramm der Abb. 21). Der Olivin kann dann manchmal ganz durch Orthopyroxen ersetzt werden, später bildet sich noch ein Saum von magnesiumreichem Chlorit. Schon in meiner Doktorarbeit von 1983 interpretierte ich diese Bildungen als Resultat einer granulitfaziellen Umwandlung, die in keiner Weise zu einer ozeanischen Hydrothermal-Metamorphose passt, und schloss daraus, dass der Gabbro nach seiner Bildung noch bei hohen Temperaturen direkt in grössere Tiefen gelangt sein musste.

Die thermo-/barometrischen Berechnungen von Bucher und Grapes ergaben für dieses Stadium Bedingungen um 9,5 kbar/820 °C (Granulitfazies), mithin Tiefen um 30 Kilometer. Sie schlossen daraus, dass der Gabbro nach seiner Kristallisation infolge einer Krustenverdickung am Beginn der Subduktion in granulitfazielle Temperatur-Druck-Bedingungen geriet. Nur dort, wo etwas Fluid in das Gestein eindrang, konnten sich die granulitfaziellen Reaktionen des Corona-Stadiums bilden.

Die von mir sowie von Bucher und Grapes vertretene Interpretation dieser im Allalin-Gabbro beobachteten Corona-Bildungen steht im Widerspruch zu einer Bildung als Ozeankrusten-Gabbro mit anschliessender Hydrothermal-Metamorphose. Sie sind aber einzigartig im Allalin-Gabbro und wurden bisher noch in keinen anderen Metagabbros der Ophiolith-Decken der Westalpen beschrieben. Julia Dietrich interpretiert allerdings diese Orthopyroxen-Granat-(Chlorit)-Coronas einfach als Folge einer unvollständigen metamorphen Rekristallisation in der nachfolgend beschriebenen Eklogitfazies. Dieses Beispiel der unterschiedlichen Interpretationen demonstriert schön, dass auch in unseren geologisch derart gut untersuchten Alpen noch lange nicht alles geklärt ist. Gut für den wissenschaftlichen Nachwuchs!

Wie es auch immer noch herauskommen mag: Zwischen der Kristallisation als plutonischer Gabbro vor 164 Mio. J. und der Fahrt in die Tiefe mit der Subduktion der ozeanischen Platte des Piemont-Beckens vergehen gut und gerne 100 Mio. J., in denen mit dem Gestein nichts passiert. Ruhe vor dem Sturm sozusagen.

Ab in die Tiefe zur Eklogitfazies …

Man kann den Zeitpunkt, an welchem der Allalin-Gabbro seine Fahrt in die Tiefen der Subduktionszone begann, nicht direkt bestimmen. Doch wir können eine grobe Überschlagsrechnung anstellen. Denn wir wissen – siehe weiter unten – dass der Gabbro vor 44 Mio. J. (Epoche des Eozäns) am tiefsten Punkt von rund 90 Kilometern angekommen war und in Eklogitfazies (teilweise) umgewandelt wurde. Nehmen wir eine Plattenbewegungs- und damit auch Subduktionsrate von 1–2 cm/Jahr an, und nehmen wir weiter an, dass der Gabbro seine Fahrt ab rund 30 Kilometern Tiefe begann, dann kann mit einfachem Dreisatz berechnet werden, dass die Subduktion etwa 3–6 Mio. J. dauerte, der Gabbro also mithin sein Abtauchen vor etwa 50 Mio. J. begonnen haben muss (Abb. 32).

Der Allalin-Gabbro wurde in seiner maximal erreichten Tiefe von rund 90 Kilometern zusammen mit den ihn umgebenden Gesteinen in Eklogitfazies metamorph überprägt. Dort entstanden die schönen eklogitfaziellen Metagabbro-Varietäten, mit den knallgrünen Pseudomorphosen von Chrom-Om-

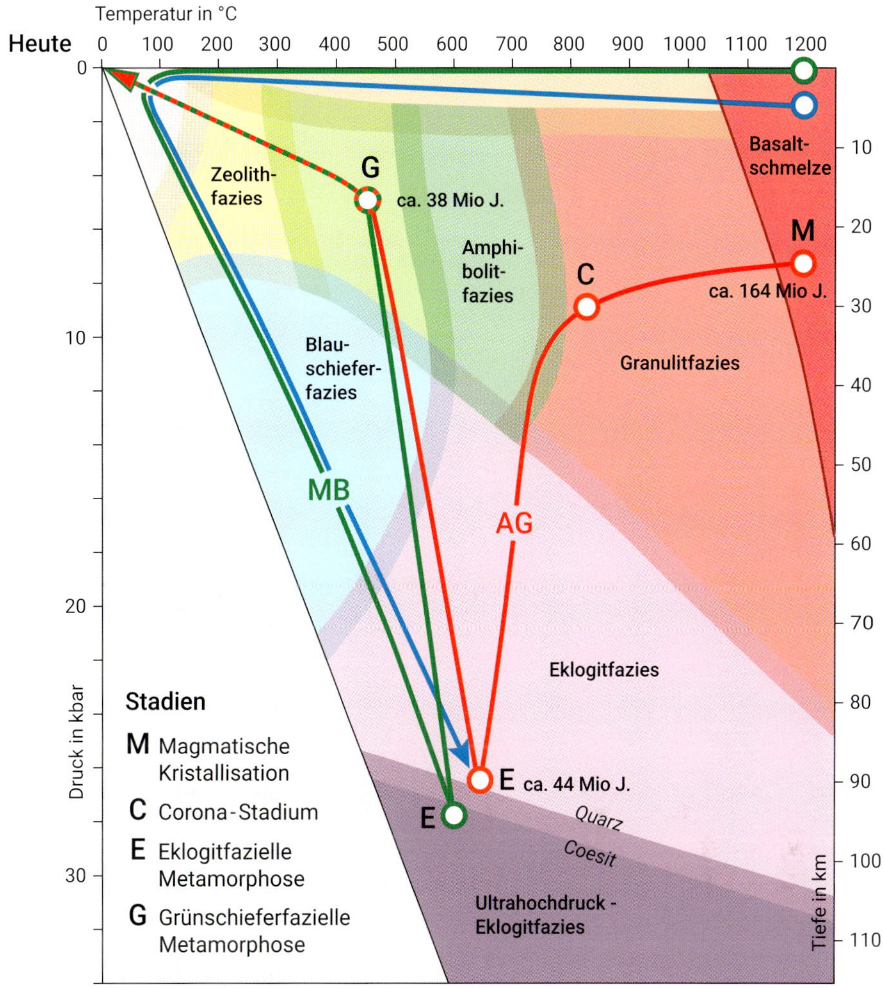

Abb. 34 Das Faziesdiagramm der Abb. 21, mit eingezeichneten Temperatur-Druck-Pfaden, und, wo verfügbar, den Altern in Mio. J..

Rot der Allalin-Gabbro nach der hier bevorzugten Interpretation mit dem Allalin-Gabbro als salassischem Unterkrusten-Gabbro.

Blau: Die Interpretation anderer Wissenschaftler mit dem Allalin-Gabbro als primärem Teil der Ozeankruste.

Grün: Der Pfad der Metabasalte der Zermatt-Saas-Decke. Ab der Eklogitfazies verlaufen die Pfade zusammen, da dann der Allalin-Gabbro auf jeden Fall Teil der Zermatt-Saas-Decke war.

phacit nach magmatischem Augit («Smaragdit») und den Talk-Granat- oder Mg-Chloritoid/Omphacit-Granat-Pseudomorphosen nach Olivin. Die Plagioklase werden durch immer noch sehr feinkörnige, doch im Mikroskop schon auflösbare Mineralgemenge von Zoisit, Disthen und Omphacit ersetzt, die hier als «Saussurit 2» bezeichnet werden. Diese Mineralparagenesen sind in zahlreichen Makro- und Mikrofotografien dieses Buches zu bewundern – sie machen den Grossteil der Faszination und Schönheit des Allalin-Gabbros aus!

Infolge des hohen Druckes entstanden bei dieser Metamorphose Mineralien mit höheren Dichten. Die Dichte des eklogitfaziellen Metagabbros liegt mit rund 3,4 g/cm^3 deutlich höher als diejenige des unmetamorphen magmatischen Gesteins mit rund 3 g/cm^3. Dies gilt auch für die Metabasalte. Diese Dichtezunahme ist ein Hauptgrund dafür, dass abtauchende ozeanische Platten nach unten sinken und so die ganze Plattenbewegung weg vom mittelozeanischen Rücken am Laufen halten.

Es finden sich kaum Übergangsphasen zwischen Gabbros des magmatischen bzw. des Corona-Stadiums und solchen mit eklogitfaziellen Mineralien. Es ist ein Entweder-Oder. Es scheint, dass es eine Art kritische Grenze gab, bei der die Mineralogien vollständig zu den eklogitfaziellen Paragenesen kippten. Wahrscheinlich war es der lokale Wassergehalt in diesen Gabbro-Partien, welcher entscheidend war. Denn die eklogitfaziellen Paragenesen bestehen ja zu einem guten Teil aus wasserhaltigen Mineralien (u. a. Tlk, Zo, Gln, MgCtd). Dieses Wasser konnte aus den mitsubduzierten Metasedimenten, ozeanisch hydratisierten Basalten oder Serpentiniten stammen.

Da diese eklogitfaziellen Mineralien sehr schöne lokale Gleichgewichtsgefüge aufweisen (z. B. Abb. 56d–f), können daran mit gutem Gewissen thermodynamische Druck-Temperatur-Berechnungen ausgeführt werden. Dies tat ich, damals noch mit relativ einfachen Methoden, und kam auf Drucke von über 20 kbar und Temperaturen zwischen 550–650 °C. Bucher und Grapes machten dann 2009 wesentlich genauere Berechnungen mit umfangreicheren Daten und neueren Methoden. Sie konnten die Bedingungen auf 25–26 kbar und rund 600 °C eingrenzen, was einer Versenkungstiefe von rund 90 Kilometern entspricht. Dies stimmt gut mit Werten aus den Metabasalten der Zermatt-Saas-Decke überein (dort wurden allerdings etwas höhere Drucke und leicht tiefere Temperaturen ermittelt, s. Abb. 34).

Die allermeisten eklogitfaziellen Gabbropartien zeigen überwiegend noch bestens erhaltene magmatische Gefüge, trotz der hohen Temperaturen und Drucke, bei denen Gesteine in der Regel plastisch verformbar sind. Nur lokal wurden duktile Verformungen wie eine *Foliation* (gneisartiges Gefüge) oder sogar Falten beobachtet (Abb. 20g). Auch in den eklogitfaziellen Gabbros dominieren spröde Verformungen, die sich in Form von mineralgefüllten Adern äussern. Auf diese wird in Kapitel 14 noch näher eingegangen.

Die eklogitfazielle Metamorphose lief in zwei Etappen ab, getrennt durch Verformungsereignisse. Die zweite Etappe geschah bei etwas tieferen Drucken – bereits wieder beim beginnenden Aufstieg aus der grössten Tiefe. Sie wird im Allalin-Gabbro in erster Linie durch den lilafarbenen Hochdruck-Amphibol Glaukophan geprägt. Dieser wuchs auf Kosten von Granat und Omphacit. In Partien, wo reichlich Glaukophan auftritt – das sind vor allem helle troktolithische Partien – zeigt der Allalin-Gabbro makroskopisch wunderbare hell-lila Töne (z. B. Abb. 4g, 4o, 35f).

… und schnell wieder hoch …

Gemäss den verschiedenen Altersbestimmungen an metamorphen Mineralien der Zermatt-Saas-Decke muss der Wiederaufstieg aus der Tiefe von rund 90 Kilometern ebenso rasch erfolgt sein wie die Subduktion, also mit 1–2 cm/Jahr – was für geologische Hebungsprozesse sehr schnell ist. Überhaupt ist das schnelle Wiederaufsteigen von Gesteinen aus grossen Tiefen in einer Subduktionszone ein Thema, welches in den letzten Jahrzehnten und bis heute intensiv diskutiert wurde und wird. Warum? Das schnelle Abtauchen lässt sich leicht erklären: Es passiert einfach im Rahmen der globalen plattentektonischen Bewegungen durch das Abtauchen einer dünnen, aber schwereren Ozeanplatte unter eine dicke, aber leichtere Kontinentalplatte – in unserem Falle der Kruste des Pie-

mont-Ozeans unter den Rand von Adria (Abb. 33).
Aber das Wiederaufsteigen? Die Subduktion läuft ja weiter, es kommt damit weiteres Material in die Tiefe, und gleichzeitig sollen Gesteinsteile bzw. -decken auch aufsteigen? Kommt dazu, dass bei der eklogitfaziellen Metamorphose die ursprüngliche Dichte der Gesteine infolge des extremen Drucks von rund 2,9 g/cm^3 auf rund 3,4 g/cm^3 erhöht wird – was einem Wiederaufstieg ja eher entgegenwirkt. Das bereitete den Forschenden viel Kopfzerbrechen, und es wurden und werden verschiedene Erklärungen und Modelle diskutiert. Im Falle der Alpen dürfte einer der Hauptgründe sein, dass nach der Subduktion der dünn-schweren Ozeankruste des Piemont-Ozeans die dick-leichte Kontinentalkruste des Mikrokontinents Iberia-Briançonnais in die Subduktionszone gelangte, später auch der Kontinentalrand von Europa. Da die leichte Kontinentalkruste nicht beliebig subduziert werden konnte, entwickelte sie nach einer Weile die Tendenz, wieder aufzusteigen. Parallel dazu riss dann auch die ozeanische Platte ab («slab break off»), was zu einer starken Entlastungshebung führte. All das zu diskutieren würde hier viel zu weit führen. Tatsache ist, dass auch der Allalin-Gabbro sehr bald, nur rund 6 Mio. J. nach seiner eklogitfaziellen Hochdruck-Metamorphose, eine erneute Überprägung in Grünschieferfazies in wesentlich geringerer Tiefe erlebte.

Der Übergang – das «Symplektit-Stadium»

Ein recht grosser Teil des Allalin-Gabbros zeigt Mineralogien und Strukturen, welche vom Übergang von den rein eklogitfaziellen zu den rein grünschieferfaziellen Mineral-Paragenesen zeugen. Damit verbunden sind Abbaureaktionen der eklogitfaziellen Mineralien, die aber erst teilweise abgelaufen sind und deren Neubildungsprodukte meist in feinkörnigen Verwachsungen daherkommen, die in der Gesteinskunde als «Symplektite» bezeichnet werden. Sie sind kein Mineral, sondern eine Verwachsungsstruktur (Abb. 56i,j). Die hellgrünen Chrom-Omphacite werden dabei zu blaugrünen Amphibolen umgewandelt, die Granate ebenfalls, und der Saussurit 2 ist schon weitgehend zu Saussurit 3 transformiert. Diese Übergangsgabbros sind in der Regel auch leicht flaserig deformiert und die knalligen Mineralfarben der Eklogitfazies weichen eher stumpferen Tönen. Typische Vertreter dieses Übergangsstadiums sind in den Makrofotos der Abb. 4j–l, 20j, 30c und 35h, i vorhanden.

Die grünschieferfazielle Überprägung

Vor allem in den Randbereichen des Gabbro-Körpers und in stark plastisch deformierten Zonen sind die Gabbros dann zu rein grünschieferfaziellen Paragenesen umgewandelt. Diese entstanden eindeutig als Folge der alpinen Gebirgsbildung und sind keinesfalls Relikte einer ozeanischen Hydrothermal-Metamorphose. Sowohl die Augit- als auch die Olivin-Pseudomorphosen bestehen dann grösstenteils aus Aktinolith, wobei diejenigen der Augit-Pseudomorphosen in der Regel etwas intensiver gefärbt sind. Die Plagioklas-Pseudomorphosen bestehen aus Saussurit 3, welcher Zoisit, Albit und Paragonit-Hellglimmer enthält. Dieser ist nicht mehr ganz so feinstkörnig wie die Saussurite 1 und 2; zuweilen lassen sich die Zoisit-Prismen auch mit der Handlupe erkennen. Die Gesteine lassen trotzdem immer noch das grob gefleckte Gabbrogefüge erkennen, aber teilweise sind sie so stark deformiert und ausgewalzt, dass eine Art feine Bänderung entstanden ist (Abb. 35k, l).
Diese grünschieferfazielle Metamorphose erfolgte vor rund 38 Mio. J. bei rund 450–500 °C und Drucken um 5 kbar, also in nur noch rund 18 Kilometern Tiefe, und sie war verbunden mit intensiven Deformationen während der Bildung der grossen Faltenstrukturen, wie die heute an der Oberfläche sichtbaren Mittaghorn-Synform und der Mischabel-Rückfalte. Deswegen findet man auch im Kleinbereich recht häufig Faltenstrukturen in diesen Gabbro-Varietäten. In dieser Phase schob sich auch die gewaltige Kristallinmasse der Dent-Blanche-Decke über den ganzen Deckenstapel – gut sichtbar auf der Westseite des Mattertals.

Weiter bis auf die heutige Höhe

Nach dieser Phase hob sich der ganze Deckenstapel aufgrund des archimedischen Auftriebs mit nun «normalen» geologischen Hebungsraten im Bereich von 0,5–1 mm pro Jahr an. Die ganzen bei der Grünschieferfazies noch über unserem Gabbro liegenden Gesteinsdecken – rund 20 Kilometer! – wurden seither laufend abgetragen. Der Schutt davon wurde auf der Alpennord- und Südseite in den Molassebecken als Sandsteine und Konglomerate (*Nagelfluh*) abgelagert, und in den letzten rund 2,5 Mio. J. wirkten dann noch die vielen Eiszeitgletscher als «Landschaftshobel». Sie brachten die vielen Findlinge und *glazifluviatilen* Kieselsteine ins Mittelland (Kapitel 21), wo dann, ganz am Ende der langen Geschichte, die Steinzeitmenschen die Allalin-Gabbros für ihre Steinbeile sammelten (Kapitel 23). Noch einen Tick später spüren dann «Angefressene» wie Michel Gratier oder Peter Thomet den Allalin-Gabbros auf den Äckern, Wäldern und in den Flüssen nach (Kapitel 25).

Fazit: Rauf, rüber, runter, drüber und wieder hoch!

Der Allalin-Gabbro bildete sich an der Wende Mittel-/Spätjura vor rund 164 Mio. J. in der Unterkruste des Mikrokontinents Adria bzw. des Salassikums. Erst vor rund 50 Mio. J. begann seine Fahrt in die Tiefe an der Subduktionszone unter das Salassikum. Bei rund 90 Kilometern Tiefe erfuhr das Gestein vor 4 und 44 Mio. J. eine Hochdruck-Metamorphose in Eklogitfazies (um 26 kbar/600 °C), welche in zwei Phasen ablief. Dann begann sofort der sehr schnelle Wiederaufstieg, welcher in feinkörnigen, retrograden Mineralreaktionen des «Symplektit-Stadiums» dokumentiert ist, um schliesslich im Zusammenhang mit grossräumigen Verfaltungen in rund 18 Kilometern Tiefe vor rund 38 Mio. J. eine grünschieferfazielle Metamorphose bei 450–500 °C zu erleben, die vor allem die Randbereiche des Gabbro-Körpers erfasste. Der weitere Aufstieg zur heutigen Lage erfolgte dann wesentlich langsamer.

Portfolio **Der Allalin-Gabbro im Handstück**

Wie das Gestein in der Natur angetroffen wird

Die folgenden Seiten präsentieren Ihnen Fotos vom Allalin-Gabbro im Handstückbereich, wie sie zum Beispiel an den frischen, unverwitterten Brocken in der Moräne des Allalin-/Hohlaubgletschers angetroffen werden können. Zeigte das Portfolio in Kapitel 8 den Aufschlussbereich in Meter- bis Dekameter-Dimensionen, gehen wir hier näher an das Gestein heran. Lassen Sie sich für Ihre eigene Suche nach schönen Handstücken hier inspirieren!

Aus Gründen der Ästhetik wird auf Masslinien verzichtet. Die Bildbreiten liegen im Bereich von 20–40 cm.

Abb. 35a Normalgabbro mit weitgehend erhaltenem magmatischen Mineralbestand und Gefüge. Schwarz = Augit; hell = Plagioklas; in den gräulichen Partien ist der Plagioklas noch teilweise erhalten, in den milchigweissen ist er zu Saussurit 1 umgewandelt.

Abb. 35b Troktolith mit weitgehend erhaltenem magmatischen Mineralbestand und Gefüge. Schwarz = Olivin, nur leicht serpentinisiert, mit braunen Coronas (Orthopyroxen-Granat); hell = Plagioklas bzw. Saussurit 1.

Abb. 35c Eklogitfazieller Normalgabbro mit sehr wenig Olivin-Pseudomorphosen (hell mit rotbraunen Granatsäumen). Die klassische und beliebteste Varietät, an einem Block der Mattmark-Staumauer.

Abb. 35d Wie 35c, aber mit grobkörnigem pegmatoidem Nest. Trotz eklogitfazieller Metamorphose ist das magmatische Gefüge perfekt erhalten. Die lila Partien links sind Olivin-Pseudomorphosen, wo Talk und Granat durch lila Glaukophan verdrängt wurden.

Abb. 35e Eklogitfazieller Troktolith, in der Mitte eine plagioklasreiche (anorthositische) Partie. Der Saussurit 2 ist hier bläulich gefärbt. Solche Partien eigneten sich besonders gut für hochqualitative Steinbeile.

Abb. 35f Eklogitfazieller Troktolith mit wenig grünen Augit-Pseudomorphosen. Die Olivin-Pseudomorphosen bestehen grösstenteils aus lilafarbenem Glaukophan und etwas rötlichem Granat.

Abb. 35g Eklogitfazieller, olivinreicher Normalgabbro bis Troktolith. Die Olivin-Pseudomorphosen weisen hier keinen Granat-, sondern einen Mg-Chloritoid-Saum auf. Dies hat mit dem hohen Anteil von Olivin im Protolith zu tun.

Abb. 35h Normal- und Olivingabbro, relativ eisenreich, im Übergangsstadium Eklogit-Grünschieferfazies (Symplektit-Stadium). Reliktisch sind etwas Chrom-Omphacit und Granat erhalten, das meiste ist in blaugrüne Amphibole umgewandelt. Der vergleichsweise hohe Eisengehalt drückt sich im durch Epidot grünlich gefärbten Saussurit 3 aus.

Abb. 35i Analog zu 35h. Die etwas satter grünen Chrom-Omphacit-Kerne der Augit-Pseudomorphosen sind erkennbar. Die Plagioklas-Pseudomorphosen bestehen aus Saussurit 3.

Abb. 35j Analog zu 35h und i. Typisch für die Übergangsgabbros sind die feinen Adern, hier im Wesentlichen aus blaugrüner Hornblende oder Aktinolith bestehend.

Abb. 35k Vollständig zu grünschieferfaziellem Flasergabbro mit gneisartiger Struktur umgewandelter Olivin-Gabbro. Die etwas dunkleren grünen Flatschen sind die Augit-, die etwas helleren die Olivin-Pseudomorphosen. Die weisslichgelben Partien sind die Plagioklas-Pseudomorphosen aus Saussurit 3.

Abb. 35l Analog zu 35k, aber noch stärker ausgewalzt und homogenisiert – ein ehemaliges Gabbrogefüge ist nicht mehr zu erkennen.

35a | 35
35b | 35

35e | 35g
35f | 35h

35i | 35
35j | 35

14

Der Allalin-Gabbro und das Wasser

Von wasserhaltigen Mineralien, Adern und Klüften

«Die Geschichte des Wassers auf der Erde – wie viel es gibt, welche Form es annimmt, wo es sich befindet und wie es sich bewegt – ist mehr als nur ein wenig kompliziert.»
(Robert M. Hazen in «The Story of Earth»)

Wasser (H_2O) ist eine der häufigsten Komponenten des Kosmos. Es ist eine eigenartige Substanz. Aufgrund seiner speziellen Molekül-Konfiguration ist es ein hervorragendes Lösungsmittel. Im Gegensatz zu praktisch allen anderen Substanzen ist es in flüssiger Form dichter als in fester. Ohne diese Eigenschaft würden Seen und Meere von unten her zufrieren und alles Leben erlöschen. In jüngster Zeit wurde festgestellt, dass es auch auf dem knochentrockenen Mond bedeutende Mengen an Wasser geben muss. Und, noch viel unglaublicher, heute gehen die Forscher davon aus, dass es in den 1000–3000 °C heissen Gesteinen des Erdmantels gigantische Mengen an Wasser enthalten sein könnten, höchstwahrscheinlich eine mehrfache Menge des gesamten Ozeanwassers. Bei Temperaturen über 374 °C und Drucken über 220 bar gibt es keinen Unterschied mehr zwischen flüssigem und gasförmigem H_2O, man spricht dann von einem Fluid.

Ohne Wasser läuft nichts

Das gilt nicht nur für das Leben auf der Erde, sondern auch für Prozesse in Gesteinen. Gerade für die Mineralreaktionen bei metamorpher Überprägung von Gesteinen, welche ja im festen Zustand, ohne jegliches Aufschmelzen, ablaufen (vgl. Kapitel 9), braucht es die Anwesenheit eines wässrigen Fluids, damit die Austausch- und Wanderbewegungen der Atome und Moleküle überhaupt stattfinden können. Das Fluid ist sozusagen das «Schmiermittel» der Mineralreaktionen.
Wasser bzw. wässriges Fluid kann in Gesteinen in unterschiedlichen Formen vorhanden sein:

— Eingebaut im Kristallgitter von Mineralien: Dabei liegen Wasserstoff H und Sauerstoff O nicht als H_2O vor, sondern als sogenannte (OH)-Gruppen. Beispiele Hellglimmer/Muskovit: $KAl_2(AlSi_3O_{10})(OH)_2$, oder Talk: $Mg_3Si_4O_{10}(OH)_2$.
— Eingeschlossen in kleinen Blasen, als Flüssigkeitseinschlüsse, in Mineralien. Eines der bekanntesten Mineralien, in denen solche Einschlüsse häufig sind, ist Quarz.
— Als feinster Film entlang der Korngrenzen von Mineralien im Gestein.

So kann wässriges Fluid bis in grösste Tiefen – ja bis weit in den Erdmantel hinein – in Gesteinen vorhanden sein.

Vom trockenen Gabbro zum nassen Metagabbro

Wie schon erwähnt, besteht das magmatische Tiefengestein Gabbro aus den drei wasserfreien Mineralien Plagioklas, Augit und Olivin – die Geologen sprechen locker von «trockenem Gestein». Das sind eigentlich schlechte Voraussetzungen für metamorphe Mineralreaktionen. Andererseits ist es ein Glücksfall, weil dadurch Partien des Allalin-Gabbros, welche nie mit einem wässrigen Fluid in Kontakt kamen, mit magmatischem Mineralbestand erhalten bleiben konnten.
Dass erst der Kontakt mit Fluids zu Mineralreaktionen führte, ist im Allalin-Gabbro vielfältig und eindrücklich zu beobachten, gerade bei denjenigen Varietäten mit teilweise noch erhaltenem magmatischen Mineralbestand. Schaut man sich solche Proben im Mikroskop an, sieht man, wie

im magmatischen Plagioklas entlang von Korngrenzen und Mikrorissen feinste Zoisit-Nädelchen sprossen – Zoisit ist ein wasserhaltiges Mineral (Abb. 56 a). Oder wie sich zwischen Olivin und Plagioklas, also entlang der magmatischen Korngrenzen, Reaktionssäume in Form von Coronas um den Olivin bildeten, u. a. mit dem wasserhaltigen Mineral Chlorit (Abb.56 b).
Die Allalin-Gabbros mit vollständiger Rekristallisation zu eklogitfaziellen Hochdruck-Mineralgesellschaften verdeutlichen die Rolle von H_2O noch stärker, denn sie enthalten etliche wasserhaltige Mineralien: Zoisit, Talk, Mg-Chloritoid, Glaukophan, Paragonit (die Mineralien werden in Kapitel 16 vorgestellt). Die vollständige Metamorphose erfolgte demnach unter Zufuhr von wässrigem Fluid. Dies steht im Gegensatz zur Metamorphose von Sedimentgesteinen, welche im unmetamorphen Zustand als stark wasserhaltige Gesteine vorliegen und in denen bei zunehmendem Metamorphosegrad Mineralreaktionen ablaufen, bei denen Wasser freigesetzt wird (Entwässerungsreaktionen).
So weisen denn eklogitfazielle Allalin-Gabbros in ihrer chemischen Zusammensetzung Wassergehalte zwischen 1,5–3 Gew.-% auf. Bei der zweiten, grünschieferfaziellen, Metamorphose wurde kaum mehr H_2O zugeführt; was auch die chemischen Analysen zeigen. Ob eine Gesteinspartie grünschieferfaziell rekristallisierte, hing vielmehr von der Intensität der Deformation ab.

Wo kam denn das Wasser her?

Die Frage, wann, wo und warum wässrige Fluide in den trockenen magmatischen Gabbro eindrangen, beschäftigt die Forschenden bis heute. Grundsätzlich sind folgende Möglichkeiten zu betrachten:

1. Zufuhr von Meerwasser am mittelozeanischen Rücken. Man weiss heute, dass an diesen Schlüsselstellen der Plattentektonik Meerwasser entlang der zahlreichen Grabenbrüche bis tief in die ozeanische Kruste, und zwar sicher bis in die Gabbroschicht, eindringen kann und dort eine sogenannte ozeanische Metamorphose bewirkt. Dort entstehen dann wasserhaltige Mineralien.

2. Zufuhr während der Subduktion aus mitsubduzierten Sedimentgesteinen, in denen infolge der Druck-/Temperaturzunahme Entwässerungsreaktionen stattfinden.

3. Zufuhr in den tieferen Bereichen der Subduktionszonen aus den mitsubduzierten Serpentiniten, in denen bei Temperaturen über rund 600 °C die Serpentinmineralien in einer Entwässerungsreaktion zum wasserfreien Olivin umgewandelt werden.

So lange die offene Forschungsfrage über den Entstehungsort des Allalin-Gabbros – ozeanische Kruste oder kontinentale Unterkruste - nicht definitiv geklärt ist, bleibt es auch offen, welche der drei Mechanismen für die Fluidzufuhr verantwortlich war. Völlig unbestritten ist nur, dass Tiefenfluid teilweise zum Gabbro Zugang erhielt und die Mineralreaktionen auslösen konnte.

Adern im Gestein – die «Wasserleitungen»

Gesteine können sich unter einwirkenden Druck- und/oder Scherkräften grundsätzlich auf zweierlei Arten verformen: bruchhaft/spröde oder plastisch/duktil. Bei spröder Verformung brechen in den Gesteinen Risse und Klüfte auf, in denen Fluids zirkulieren können. Diese können aus dem Gestein chemische Komponenten herauslösen, welche dann in den Klüften langsam auskristallisieren können. Solche mineralisierten Kluftspalten werden auch als «Adern» bezeichnet. Diese Bezeichnung ist etwas unglücklich, , denn Adern kennen wir ja aus unserem Körper, wo es lineare-röhrenförmige Gebilde sind. Adern in Gesteinen hingegen sind flächig-planare Strukturen. Sie sehen einfach im zweidimensionalen Aufschluss wie linearen Strukturen aus. En passant sei hier auch eingeflochten, dass die von Wünschelrutengängern so gerne aufgespürten «Wasseradern» eben auch keine röhrenförmig-lineare Strukturen, vergleichbar mit unseren Körperadern, sein können. Dass das Aufspüren von Grundwasservorkommen mit Wünschelruten einer wissenschaftlichen Überprüfung noch nie hat standhalten können, wäre ein anderes Thema. Als ich an meiner Dissertation über den Allalin-Gabbro arbeitete, ging man davon aus, dass bei hohen Temperaturen und Drucken von 600 °C resp. über 20 kbar Gesteine nur plastisch verformt werden. Umso grösser dann die Überraschung, als ich in den eklogitfaziellen Metagabbros Adern gefüllt mit Eklogit-Mineralien wie Omphacit, Mg-Chloritoid und Talk fand – eindeutiger Beweis für Spröddeformation unter diesen extremen Bedingungen (Abb. 4m und n, 36 sowie 56h und j). Aus der Gesteinsmechanik lässt sich ableiten, dass dies nur möglich wurde, wenn der Druck der Fluids ähnlich hoch war wie der Druck in den Gesteinen. Mit anderen Worten: In den eklogitfaziell überprägten Gabbropartien war wässriges Fluid in genügend grosser Menge vorhanden, um zusammenhängende Fliesssysteme zu bilden.

Die vollständig grünschieferfaziell überprägten Gabbros zeigen keine solchen Adern, dafür stets mehr oder weniger intensive plastische Verformungen. Das zeigt uns, dass diese Metamorphose vor allem durch duktile Deformation und nicht durch Eindringen von Fluids ausgelöst wurde. Erst in einem Spätstadium, während der langsamen Hebung des Gabbro-Körpers, entstanden dann wieder bruchhafte Verformungen, die sich in Adern mit Tieftemperatur-Mineralien wie etwa Albit, Epidot, Prehnit oder Skapolith äusserten (Abb. 36h).

Der Allalin-Gabbro als Schulbeispiel für Wasser als geologischer Schlüsselfaktor

Damit ist der Allalin-Gabbro ein besonders eindrückliches Beispiel dafür, dass Wasser bzw. wässriges Fluid auch in grosser Krustentiefe – wir sprechen hier von fast 100 Kilometern! – ein entscheidender Faktor ist, welcher geologische Prozesse steuert – nämlich metamorphe Mineralreaktionen sowie das Verformungsverhalten von Gesteinen. Als Ausblick sei hier noch erwähnt, dass die Anwesenheit von Fluid auch das Aufschmelzverhalten von Gesteinen entscheidend beeinflusst.

Abb. 36a Eklogitfazielle Ader aus Omphacit (grün) und Mg-Chloritoid (schwarz) in heterogenem Eklogit–Metagabbro.

Abb. 36b Zwei separate eklogitfazielle Adern: Omphacit (grün) und Mg-Chloritoid (schwarz) in grobkörnigem Eklogit-Metagabbro.

Abb. 36c Plastische und spröde Deformation simultan: Plastisch verformter eklogitfazieller Metagabbro (hell) und dunkler Metabasaltgang mit spröden, grünen Omphacitadern.

Abb. 36d Ausschnitt aus einer über 3 Meter langen, rund 1 Zentimeter breiten eklogitfaziellen Ader aus Mg-Chloritoid und wenig Talk, in hellem Metagabbro. Der weisse Belag ist Prehnit als Füllung einer jungen Tieftemperatur-Kluft.

Abb. 36e Anschliff mit einer prächtigen und rund 5 cm dicken eklogitfaziellen Ader aus schwarzem Mg-Chloritoid und etwas weissem Talk. Da konnte eine ordentliche Fluidmenge durchgeflossen sein …

Abb. 36f Eklogitfazieller Troktolith mit einer feinen Granat-Glaukophan-Ader.

Abb. 36g Feinkörniger, metabasaltischer, eklogitfazieller Gang (hellbraun), durchsetzt von feinen Äderchen des Symplektit-Stadiums. Von diesen aus wurden die eklogitfaziellen Mineralien (Omphacit und Granat) durch blaugrüne Hornblende ersetzt.

Abb. 36h Vollständig grünschieferfaziell überprägter Flasergabbro mit späten spröden Epidot-Adern.

36a 3
36b 3

15

Warum so vielfältig?

Die vielen Gründe für das chamäleonartige Erscheinungsbild des Allalin-Gabbros

«Der Beobachter wird durch die Heterogenität des Gabbros, durch die Verschiedenheit der Strukturen, der Gesteinstypen und Mineralien immer wieder überrascht.»
(Prof. Peter Bearth in seiner Arbeit über die Ophiolithe von Zermatt–Saas-Fee von 1967).

Aus den bisherigen Kapiteln und Fotoseiten konnten Sie sich schon ein Bild machen von der verwirrenden Vielfalt der Strukturen, Farben und Mineralien, mit denen der Allalin-Gabbro aufwartet. In diesem Kapitel fasse ich die wichtigsten Faktoren zusammen, die dazu geführt haben.

1. **Primäre magmatische Variabilität der modalen Zusammensetzung**
   In Kapitel 7 wurde gezeigt, dass im Allalin-Gabbro die drei magmatischen Mineralien Plagioklas, Augit und Olivin in allen beliebigen Mischungen vorkommen können, und zwar auf kleinstem Raum. Die unterschiedlichen Modalanteile sind allesamt Folgen von Prozessen in der Magmakammer; es gibt gravitative Differenzierungen (magmatische Schichtung, Abb. 4p, 19d). So ist es nicht ungewöhnlich, im gleichen dezimeter-grossen Block fast reinen Troktolith (Plagioklas und Olivin) neben reinem Normalgabbro (Plagioklas und Augit) zu finden (Abb. 19c).

2. **Primäre magmatische Variabilität der Korngrössen**
   Auch die Korngrössen können über kürzeste Distanzen wechseln. Normalerweise betragen die Korngrössen der Mineralien um 0,5–1 cm. Typisch sind sogenannte «pegmatoide Nester», geometrisch schlecht definierte Bereiche von einigen Kubikzentimetern bis -metern Volumen, in denen in erster Linie die Augite und Plagioklase, seltener die Olivine, Korngrössen von mehreren Zentimetern erreichen können (Abb. 19a, b). Der grösste bisher gefundene Augit-Einzelkristall misst mindestens 16 cm – rekristallisiert in Eklogitfazies zu grünem Chrom-Omphacit (Abb. 20k).

3. **Beschränkte selektive Zufuhr von Fluid**
   In den Kapiteln 9 und 14 wurde dargelegt, dass Mineralreaktionen wesentlich erleichtert bzw. erst ermöglicht werden in Anwesenheit einer fluiden Phase im Gestein. Wässrige Fluids fanden offensichtlich nicht im gesamten Volumen des Allalin-Gabbros in genügendem Masse Zutritt, um die metamorphen Mineralreaktionen jeweils vollständig zu ermöglichen. Es gibt sogar Zonen, wo der trockene magmatische Mineralbestand fast vollständig erhalten blieb. Kein Wasser, keine Reaktion!

4. **Konzentration der duktilen Verformung auf diskrete Zonen**
   Neben dem Zutritt eines Fluids zum Gestein ist auch eine plastische Verformung ein wichtiger Faktor, welcher metamorphe Mineralreaktionen befördert. Der Allalin-Gabbro war, etwa im Gegensatz zu den Serpentiniten, ein mechanisch sehr widerstandsfähiges Gestein. Ein grösserer Teil blieb von duktiler Verformung verschont. Es lässt sich feststellen, dass mit

zunehmender plastischer Verformung, d. h. mit zunehmendem gneisartigen Gefüge, die Überprägung der Grünschieferfazies zunimmt (z. B. Abb. 4 s). Dies trifft insbesondere auf die Randzonen des Gabbro-Körpers zu, die oft zu relativ fein laminierten grünschieferfaziellen Flasergabbros umgewandelt wurden (Abb. 35 k).

5. **Selektive metamorphe Überprägungen**

Die Faktoren 3 und 4 führten dazu, dass es innerhalb des Allalin-Gabbros eben einige kleinere Zonen gibt, in denen die magmatischen Mineralien überlebten, daneben solche wo die eklogitfazielle Metamorphose voll zum Ausdruck kommt (die schönsten Varietäten!), andere mit Übergangsmineralogien Eklogit-/Grünschieferfazies und dann, vor allem im Randbereich des Gabbro-Körpers, Partien mit rein grünschieferfaziellem Mineralbestand. Diese Verhältnisse werden im schematischen Profil durch den Allalin-Gabbro illustriert (Abb. 38).

6. **Nur lokale chemische/thermodynamische Gleichgewichte**

Was für das Grosse des ganzen Gesteinskörpers gilt, gilt auch bis zum kleinsten Massstab. Die Pseudomorphosen nach den drei magmatischen Mineralien sind mineralogisch-chemisch unterschiedliche Bereiche, in denen, gerade bei den eklogitfaziellen Metagabbros, die verschiedenen metamorphen Mineralien im Gleichgewicht miteinander kristallisierten – das belegen die Gefüge der Mineralien sowie die

Abb. 37 Makrofoto eines eklogitfaziell rekristallisierten Leuko-Troktoliths mit einer Lage von Augitkristallen, welche mit magmatischer Zusammensetzung erhalten blieben – hohes lokales Ungleichgewicht!

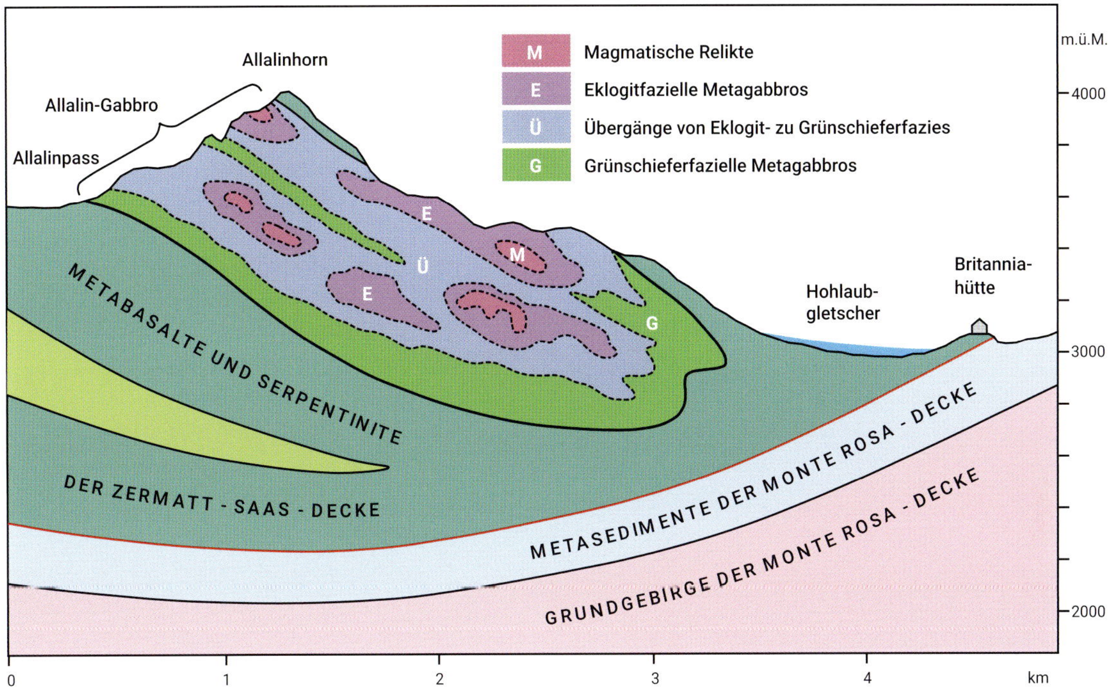

thermodynamischen Phasenbeziehungen – ohne dass jedoch das Gestein vollständig homogenisiert wurde. Dies ist ein Glücksfall für uns Wissenschaftler und für die Ästhetik! Ein krasses Beispiel dafür ist in Abb. 37 zu sehen: In einem kleinen Stück vollständig eklogitfaziell rekristallisiertem Metagabbro liegen ein paar wenige grössere Stücke von erhaltenem magmatischem Augit, welcher der Umkristallisation entging – ein starkes lokales Ungleichgewicht.

Abb. 38 Schematisches Profil durch das Allalinhorn als Prinzipskizze, welche das Nebeneinander von Gabbros mit magmatischen, eklogitfaziellen, Übergangs- und grünschieferfaziellen Typen illustriert (s. Text).

All diese Faktoren spielten in der «Lebensgeschichte» des Allalin-Gabbros zusammen und das Resultat ist eben – das schönste bzw. vielfältigste Gestein der Welt! Oder, etwas anders ausgedrückt: höchste Geodiversität auf kleinstem Raum. Im schematischen Profil durch den Allalin-Gabbro der Abb. 38 wird die unregelmässige Verteilung der verschiedenen erhaltenen Stadien illustriert.

16

Die Mineralien im Allalin-Gabbro

Die verwirrende Vielfalt von über 40 Mineralien

Mineralien sind die Bausteine der Gesteine.
(geologischer Gemeinplatz ...)

Die primäre magmatische Mineralzusammensetzung des Allalin-Gabbros ist vergleichsweise simpel. Neben den drei Hauptmineralien Plagioklas, Augit und Olivin bildeten sich in kleinsten Mengen noch die sogenannt *akzessorischen* Mineralien Zirkon, Apatit und die Erzmineralien Chromit (Chromspinell), Ilmenit, Magnetit, Pyrrhotin und Kupferkies. Diese sind jedoch meistens nur im Mikroskop sichtbar. Erst durch die vielphasigen metamorphen Umwandlungen und dem zonenweisen Erhalt der Mineralparagenesen der verschiedenen Stadien (Kapitel 12 und 15) entstand eine verwirrende Vielfalt von Mineralien. Bis dato wurden 46 Mineralarten festgestellt. Mit blossem Auge bzw. mit einer 10-fach Feldlupe sind lediglich 17 davon erkennbar. Die restlichen können nur in Gesteins-Dünnschliffen unter dem Mikroskop festgestellt werden.
Die meisten der Mineralien im Allalin-Gabbro bildeten sich bzw. waren nur in bestimmten Entwicklungsstadien/Metamorphosegraden stabil. Nur wenige blieben über mehrere Phasen oder während der ganzen Geschichte des Gesteins stabil. Bei manchen änderte sich im Verlaufe der Entwicklung die chemische Zusammensetzung, beispielsweise beim Chlorit. Diese Stabilitätsbereiche der Mineralien sind in tabellarischer Form in der Tabelle 4 dargestellt. Danach werden die makroskopisch/mit der Lupe erkennbaren Mineralien in der Reihenfolge ihres «Auftritts» in der Entwicklungsgeschichte kurz vorgestellt. So können Sie Ihre Beobachtungen an Ihren selbst gefundenen Stücken einordnen.

Das Eisen-Magnesium-Phänomen

Alle Silikat-Mineralien, welche Eisen (Fe) und Magnesium (Mg) in beliebigen Mischanteilen in ihrem Kristallgitter einbauen können, zeigen eine farbliche Abhängigkeit vom Fe/Mg-Verhältnis: Je eisenreicher, desto intensiver bzw. dunkler die Farbe. So ist etwa der reine Mg-Amphibol Tremolit weiss und die eisenhaltigen Varietäten namens Aktinolith werden mit zunehmendem Eisengehalt von hell- über dunkelgrün bis zum fast schwarzen Ferro-Aktinolith. Da der Allalin-Gabbro ein magnesiumreiches Gestein ist, sind auch alle seine Fe-Mg-Mineralien eher magnesiumreich, und damit eher hell. Das gilt etwa für die eher hellen rosaroten Granate, ganz besonders jedoch für die Glaukophane, welche sehr hell lilablau sind; im Gegensatz zu den sehr dunkelvioletten Typen in den eisenreicheren Metabasalten. Die Ausnahme davon ist der Mg-Chloritoid, welcher, obwohl eben sehr magnesiumreich, trotzdem schwarz erscheint.

Dicke Striche
Hauptgemengteile
Mineralien machen wesentliche Anteile aus, im Bereich von einigen Zehnerprozenten

Mittlere Striche
Nebengemengteile
Mineralien machen kleine Anteile aus, im Bereich von einigen Prozenten

Dünne Striche
akzessorische Gemengteile
Mineralien von meist unter 1 Prozent Anteil

Tabelle 4

Mineralien und deren Stabilitäten während der Entwicklungsgeschichte des Allalin-Gabbros. Die Mineralien in Rot sind makroskopisch erkennbar, die anderen nur im Mikroskop.

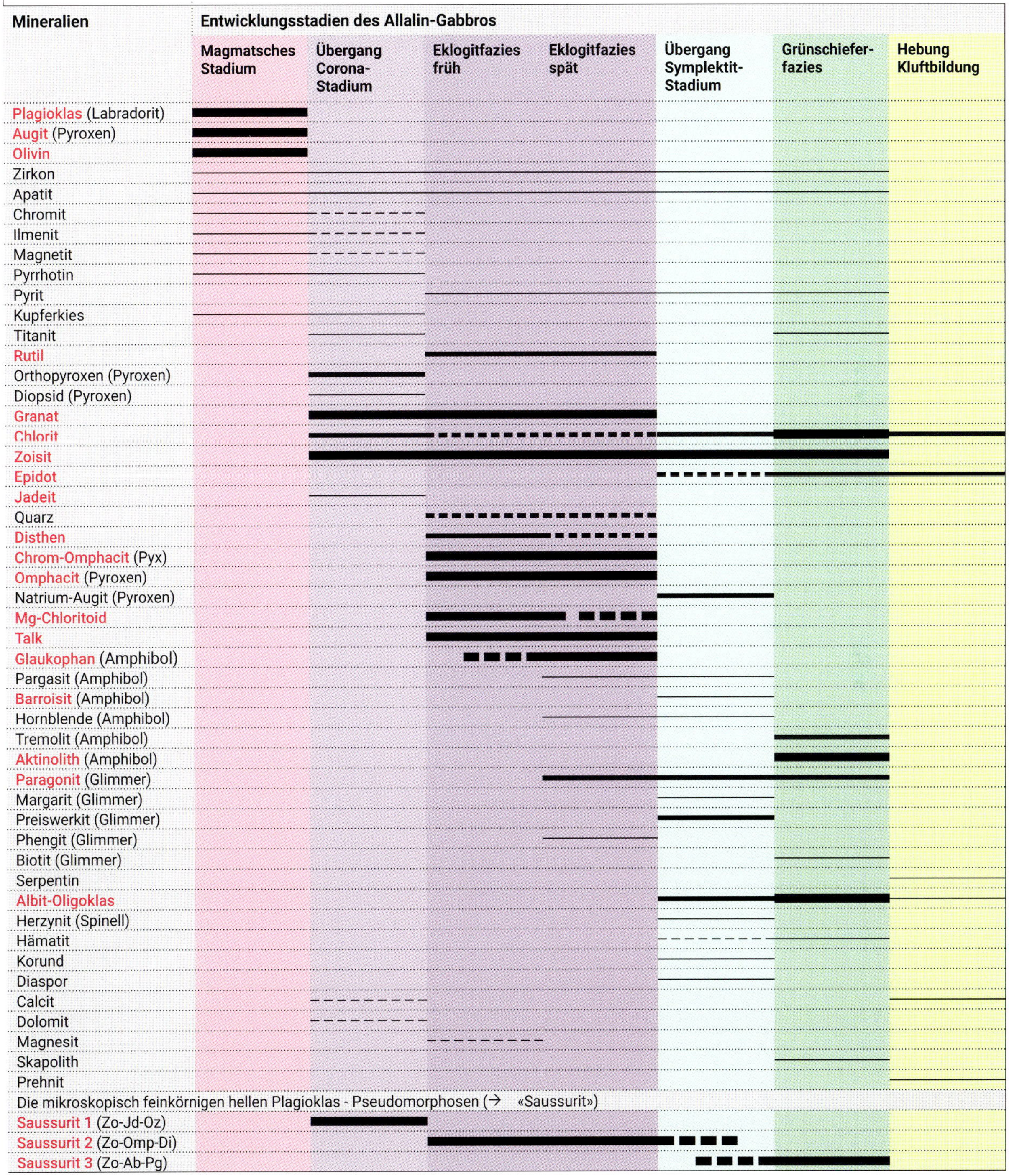

Abb. 39 Die wichtigsten makroskopisch erkennbaren Mineralien im Allalin-Gabbro

Die makroskopisch erkennbaren Mineralien im Allalin-Gabbro

Sie finden im Anhang F eine tabellarische Übersicht über diese 17 Mineralien – für die «Angefressenen» unter Ihnen sicher eine oft zu konsultierende Hilfe. Nachfolgend sollen die wichtigsten davon (in der Tabelle 4 als Hauptgemengteile mit dicken Balken vermerkt) ganz kurz vorgestellt und anhand von Makrofotos von ungeschliffenen Handstücken illustriert werden – damit Sie die Mineralien so sehen, wie sie sich im Gelände präsentieren.

Die drei Mineralien aus der magmatischen Entstehungsphasen können in den entsprechenden, stets schwarz-weiss gesprenkelten Partien/Blöcken gut erkannt werden. Am einfachsten ist der oft noch sehr frisch erhaltene schwarze **Augit** zu erkennen (Abb. 39a).

Abb. 39a Schwarzer magmatischer Augit. Braun = Olivin im Coronastadium, weiss = Saussurit 1.

Mit dem **Plagioklas** ist es schon etwas heikler, denn vollständig frisch ist er nie erhalten. Der noch einigermassen erhaltene magmatische Plagioklas erscheint leicht gräulich und semitransparent (Abb. 39b), die weissen Massen sind schon umgewandelt zu Saussurit 1 (s. weiter unten).

Gleiches gilt für den **Olivin**. Richtig olivgrün, wie der ganz frische Olivin sein sollte, findet man ihn nie – im Mikroskop ist zu erkennen, dass auch die erhaltenen Olivine von einem feinen Aderwerk aus Serpentin durchzogen sind, was sie makroskopisch schwarz erscheinen lässt. Nur die noch feststellbare hohe Härte (7), der muschelige Bruch und der Fettglanz verraten noch frischen Olivin (Abb. 39c).

Abb. 39b Teilweise erhaltener Plagioklas (gräulich). Schwarz = Augit.

Abb. 39c Fast gänzlich erhaltener Olivin (schwärzlich), mit nur feinen Coronas. Weiss = Saussurit 1.

Das sicherlich auffälligste Mineral ist der knallgrüne **Chrom-Omphacit** (umgangssprachlich «Smaragdit»), eklogitfaziell pseudomorph nach dem magmatischen Augit. Im frischen Zustand zeigt er noch die Spaltbarkeit des Augits, aber oft auch feine parallele Lamellen (Abb. 39d). Diese stammen von feinsten Talkschüppchen, welche nur im Mikroskop gesehen werden können (Abb. 56g).

Abb. 39d Der knallgrüne Chrom-Omphacit (alias «Smaragdit»).

Nicht chromhaltiger **«normaler» Omphacit** ist eher matt hellgraugrün. Er kommt in eher dunklen Gabbrovarietäten in den Olivin-Pseudomorphosen vor (s. Abb. 31g) und ist Bestandteil von Saussurit 2 (s. unten), dort allerdings makroskopisch nicht auflösbar. Recht selten sind eklogitfazielle Aderfüllungen mit bis zu 1 cm grossen Omphacitkristallen (Abb. 36a, b, 56h).

Die Olivine wurden bei der eklogitfaziellen Hochdruck-Metamorphose in der Regel zu sehr charakteristischen Pseudomorphosen umgewandelt. Diese bestehen aus weissem, extrem weichem **Talk** und darum herum angeordneten Säumen von körnigem, rotem **Granat** (Abb. 39e, f, auch 30b, 31b).

Zuweilen sind die stets kleinen Granate auch schön idiomorph ausgebildet (Abb. 39g). Selten können im weissen Talk auch kleine blassblaue Kriställchen von **Disthen** erkannt werden (Abb. 39e).

Abb. 39e Olivin-Pseudomorphosen aus weissem Talk und rotbraunem Granat. Im Talk vereinzelte Disthen-Kristalle.

Abb. 39f Wie 39e, aber ohne Disthen.

Abb. 39g Olivin-Pseudomorphosen mit gut ausgebildeten rotbraunen Granaten.

Ein sehr spezielles und für den Allalin-Gabbro typisches Hochdruck-Mineral ist der makroskopisch schwarzglänzende **Magnesium-Chloritoid**. Neben dem knallgrünen Chrom-Omphacit ist er sozusagen das zweite «Markenzeichen» des Allalin-Gabbbros. Er kommt einerseits im Gestein selbst als schwarze Körner vor, welche schwarzem Biotit (Dunkelglimmer) ähnlich sehen. Die viel grössere, mit dem Taschenmesser prüfbare Härte (H 6, Biotit H 2.5) machen den Unterschied aus. Am häufigsten bildet er Säume um Olivin-Pseudomorphosen anstelle von Granat (Abb. 39h, auch 31f). Andererseits bildet er als Füllung von Adern bis mehrere Zentimeter grosse, tafelige Kristalle, oft im Verbund mit weissem Talk (Abb. 39 i).

Abb. 39h Olivin-Pseudomorphosen mit etwas weissem Talk und Säumen aus schwarzem Mg-Chloritoid.

Abb. 39i Aderfüllung aus grobkörnigem, blauschwarzem Mg-Chloritoid und etwas Talk.

Der blaue Hochdruck-Amphibol **Glaukophan** ist im Allalin-Gabbro sehr hell-lila gefärbt, weil er vergleichsweise magnesiumreich ist – im Gegensatz zu den eisenreicheren dunkelvioletten Glaukophanen in den Metabasalten. Er kommt in den Olivin-Pseudomorphosen als feinste Stängelchen vor (Abb. 39j), kann aber auch als kleinste Kriställchen ganze troktolithische Gesteinspartien lila färben (Abb. 39k und 31d, e).

Abb. 39j Olivin-Pseudomorphose mit viel lila Glaukophan neben Talk und Granat.

Abb. 39k Olivin-Pseudomorphosen, die fast zu 100 % aus lila Glaukophan und etwas Granat bestehen.

Glaukophan und Omphacit werden mit dem Übergang zur grünschieferfaziellen Metamorphose instabil. Es bilden sich aus den beiden eine komplexe Vielfalt von neuen Amphibolmineralien, welche für den Feldgebrauch unter dem Sammelbegriff **«blaugrüne Hornblenden»** zusammengefasst werden können. Sie erscheinen im Handstück dunkelgrün (Abb. 39l). Sozusagen das rein grünschieferfazielle Endprodukt ist dann der **Aktinolith**. Er ist weit verbreitet, etwas heller grün und bildet oft makroskopisch erkennbare Nädelchen (Abb. 39m).

Abb. 39l Gabbro im Übergang Eklogit- zu Grünschieferfazies. Die Augit-Pseudomorphosen bestehen grösstenteils aus blaugrüner Hornblende.

Abb. 39m Augit-Pseudomorphosen in grünschieferfaziellem Gabbro, welche grösstenteils aus stängeligem Aktinolith bestehen.

Ein weiteres sehr wichtiges Mineral im Allalin-Gabbro ist der **Zoisit**. Dieser ist dem viel besser bekannten Epidot sehr nahe verwandt, man kann ihn auch als «eisenfreien Epidot» betrachten. Im Allalin-Gabbro ist er ab dem Corona-Stadium durch die ganze metamorphe Entwicklung hinweg stabil und wesentlicher Bestandteil – und doch kaum je makroskopisch erkennbar. Denn das weisse, stängelige Mineral bildet in erster Linie den Hauptbestandteil der mikroskopisch feinen Plagioklas-Pseudomorphosen (Saussurite, s. weiter unten). Nur in grünschieferfaziellen Gabbros kann er von blossem Auge sichtbare Stängelchen bilden (Abb. 39n). Dasselbe gilt auch für den **Albit**, den Na-reichen Plagioklas, der nur in der Grünschieferfazies stabil ist (Abb. 39n und 40c).

Ebenfalls vor allem in den grünschieferfaziellen Gabbros kommt das Mineral **Chlorit** makroskopisch erkennbar vor. Er bildet feinstkörnige Massen, ist oft mit blaugrüner Hornblende oder Aktinolith verwachsen und höchstens an seiner stumpfgrünen Farbe erkennbar (Abb. 39m, n).

Abb. 39n Grobkörnige Partie in grünschieferfaziellem Metagabbro mit einigen grösseren Zoisit-Kristallen und stumpfgrünem Chlorit.

Der rätselhafte «Saussurit» bzw. die rätselhaften Plagioklas-Pseudomorphosen

Schon in den Kapiteln 2 und 11 wurde der Begriff «Saussurit» vorgestellt und begründet, weshalb ich ihn hier weiterhin verwende. Weil er, gerade in Bezug zum Allalin-Gabbro, immer wieder Mühe bereitet und für Verwirrung sorgt, soll hier noch einmal darauf eingegangen werden.

Saussurit wird generell als allgemeiner Begriff für ein helles, feinstkörniges Mineralgemenge verwendet, welches magmatisch gebildeten Plagioklas ersetzt, mithin auch als Plagioklas-Pseudomorphose verstanden werden kann (Kapitel 11). Normalerweise sind mit dem Begriff Saussurit Tieftemperatur-Umwandlungen von Plagioklas durch die Einwirkung von hydrothermalen Fluids gemeint, bei denen Mineralien wie Sericit, Epidot, Chlorit etc. entstehen. Diese Saussurite sind in der Regel grünlich gefärbt. Weil es aber keine eindeutige Definition von Saussurit gibt, und weil der Begriff im Zusammenhang mit dem Allalin-Gabbro derart häufig genannt wird, habe ich mich entschlossen, ihn für sämtliche feinstkörnigen Umwandlungsprodukte des Plagioklases im Allalin-Gabbro zu verwenden. Die an sich korrekte Bezeichnung «Plagioklas-Pseudomorphose» empfinde ich als zu umständlich.

Man kann im Allalin-Gabbro verschiedene Stadien der Plagioklas-Umwandlungen zu feinstkörnigen Mineralgemengen, eben Saussurit, unterscheiden, welche anlässlich der schon vorgestellten Phasen der metamorphen Überprägung stattgefunden haben. Ich bezeichne diese hier mit Saussurit 1, 2 und 3.

Saussurit 1

Dieser bildet sich im Corona-Stadium. Er ist in den Gabbros mit noch teilweise erhaltenem Augit und Olivin anzutreffen. Er ist porzellanartig weiss, extrem dicht und mikrokristallin (Abb. 40 a). Auch im Dünnschliff unter dem Mikroskop ist er kaum auflösbar, er erscheint als braun-trübe Masse, in der nur vereinzelt kleinste Körner erkennbar sind (Abb. 56 b). Die *Röntgen-* und *Mikrosonden*analysen zeigen, dass er aus den Mineralien Zoisit, Jadeit und Quarz besteht. Das Paar Jadeit-Quarz ist ein experimentell bestens abgesicherter Indikator für sehr hohe Drucke.

In den teilweise noch erhaltenen magmatischen Plagioklasen kann das Initialstadium der Saussuritisierung eindrücklich gesehen werden: Entlang von Korngrenzen und Mikrorissen konnte offensichtlich ein Fluid eindringen und dort die Sprossung von feinsten Zoisit-Nädelchen auslösen (Abb. 56 a).

Saussurit 2 oder Omphacit-Jade/Lémanit

Bei vollständiger eklogitfazieller Rekristallisation von Gabbropartien bildet sich eine zweite Art von Saussurit. Dieser ist makroskopisch immer noch nicht auflösbar, im Mikroskop jedoch sind – wenn auch sehr fein und klein – die einzelnen Mineralien meist erkennbar. Es ist ein intensiv miteinander verwachsenes Gemenge von Zoisit, Disthen und Omphacit (Abb. 40 b). Makroskopisch ist der Saussurit 2 immer noch mikrokristallin-dicht, von der Färbung her aber wesentlich variabler als der milchweisse Saussurit 1. Im Normalfall ist er weisslich-grau, kann aber grüne bis blaugrüne Farbtöne in unterschiedlicher Intensität annehmen (z. B. Abb. 35 e, f, 39 e, 39 k). Vermutlich ist die Färbung abhängig von den jeweiligen Anteilen der drei Mineralien – Zoisit ist farblos, Omphacit hellgrün und Disthen blau. Selten können sogar rötliche Färbungen aufgrund mikroskopisch feiner Granatkörner vorkommen. Bei den glazifluviatil transportierten Steinen des Mittellandes können aufgrund von Verwitterungsvorgängen auch noch ockergelbliche Verfärbungen auftreten.

Abb. 40 Erscheinungsformen von Saussurit s. l. im Allalin-Gabbro

Abb. 40 a Weisslicher Saussurit 1. Schwarz = weitgehend erhaltener Olivin.

Aus magmatisch plagioklasreichen Gabbros oder gar fast anorthositischen Partien können so Gesteine entstehen, welche fast nur aus Saussurit 2 bestehen. Es waren diese Typen, welche die Steinzeitmenschen für ihre Steinbeile am liebsten verwendeten, weil sie extrem zäh, widerstandsfähig und hart sind. Diese Varietäten wurden denn auch als «Jade Suisse» bezeichnet (mehr dazu in Kapitel 23); nach neuerer Nomenklatur wäre es ein «Omphacit-Jade».

Bei der Spätphase der eklogitfaziellen Metamorphose bildete sich verbreitet Glaukophan im Allalin-Gabbro. Dieser konnte auch im Saussurit 2 über das bestehende Korngefüge hinweg sprossen und zu lila verfärbten Zonen führen. In Allalin-Gabbro-Geröllen des Mittellandes erscheint der Saussurit zuweilen sehr dunkel, von fast schwarzgrauer Farbe (z. B. Abb. 65b), eine Ausprägung, die am Allalinhorn selbst bis jetzt kaum gefunden wurde. Ich vermute, dass es sich dabei um die Folge mikroskopisch feiner Äderchen handelt, in denen blaugrüne Hornblenden wuchsen. Ein Nachweis steht aber noch aus.

Saussurit 3

Bei den vollständig grünschieferfaziell überprägten Gabbros hat sich auch der Saussurit nochmals verändert. Der Hochdruck-Natriumpyroxen Omphacit ist verschwunden, dafür hat sich der natriumreiche Feldspat Albit-Oligoklas gebildet. Zoisit bleibt weiterhin stabil, dazu gesellt sich noch etwas Natrium-Hellglimmer-Paragonit. Der Saussurit 3 ist makroskopisch deutlich körniger, mit der Lupe können meist einzelne Mineralkörner erkannt werden. Er ist nun wiederum weitgehend weisslich bis hellcrèmefarbig (Abb. 40c). Zuweilen können die Hellglimmerplättchen mit der Lupe erkannt werden.

Abb. 40b Bläulichgrauer Saussurit 2.

Abb. 40c Etwas gröber kristallisierter Saussurit 3.

17

Die Protagonisten der Forschung

Seit über 100 Jahren im Fokus der Wissenschaft – und immer noch sind Fragen offen.

«Aber wie erstaunten wir nicht, da wir bei dem Dorfe Saas nicht einzelne Blöcke, sondern ganze Felsen und Berge von Blöcken aus Jade und grünem Smaragdit angehäuft sahen; ein wunderbarer Anblick.»
(Leopold von Buch, 1802)

In Kapitel 2 wurde von H. B. de Saussure berichtet, welcher eiszeitliche Gerölle des Allalin-Gabbros im Genferseegebiet beschrieben hat. Doch dessen Herkunft vom Allalinhorn hatte er nicht erkannt, weil keine seiner Alpenreisen in die Saastäler führte. Es war der grosse deutsche Geologe Leopold von Buch (1774–1853, Abb. 41), welcher im Jahr 1802 auf einer seiner Alpenexpeditionen nach Saas-Fee kam und obige Feststellung festhielt.

Abb. 41 Der bedeutende deutsche Geologe Leopold von Buch (1774–1853)

1890er-Jahre: Bonney und Schäfer

Erstmals vor Ort und in grösserem Detail beschrieben wurde der Allalin-Gabbro kurz vor der vorletzten Jahrhundertwende, fast gleichzeitig vom britischen Geologen T. G. Bonney und dem deutschen R. W. Schäfer. Die beiden scheinen sich nicht begegnet zu sein. Bonneys Alpenexkursionen reihten sich gut ein in die damals noch nachwirkende Tradition, dass sich britische «Upperclass»-Männer in den Alpen sowohl alpinistisch als auch wissenschaftlich tummelten («Playground of Europe»), wie dies so schön von Jim Ring in seinem Buch «How the English made the Alps» (2000) beschrieben wurde. So verwundert es auch nicht, dass die beiden Geologen offensichtlich nichts voneinander wussten. Die 13-seitige Arbeit von Bonney liefert schon gute erste Dünnschliffbeschreibungen. Schäfer widmete sich dann dem Allalin-Gabbro im Rahmen seiner Dissertation intensiver. Er erkannte die magmatischen Relikte von Augit, Plagioklas und Olivin, beschrieb die verschiedenen ursprünglichen Gabbrotypen (u. a. den Troktolith bzw. «Forellenstein») sowie die grosse mineralogische und strukturelle Vielfalt und die Übergänge von massigen zu deformierten («flaserigen») Gabbros. Er erkannte als Erster den schwarzen Magnesium-Chloritoid. Zudem fertigte er eine geologische Karte der Region an, welche eindrücklich zeigt, wie stark das Gebiet damals noch von Gletschern bedeckt war (Abb. 42).

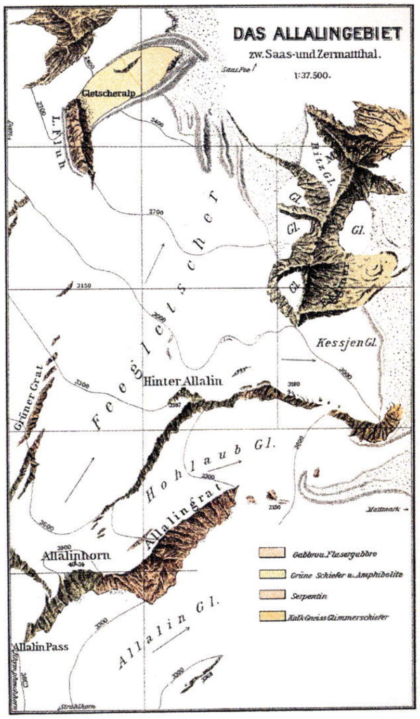

in den Sommerferien kartierte er in mehr als 45 Jahren über 1100 km² Hochgebirgsgelände für den Geologischen Atlas der Schweiz 1:25 000 – eine gigantische, von keinem anderen Alpengeologen auch nur annähernd erreichte Leistung. Seine Karten sind ausserordentlich genau und zuverlässig, und bilden auch heute noch eine wertvolle Grundlage der geologischen Forschung in diesem Gebiet (Abb. 15). Ich durfte in meinen Studentenjahren Peter Bearth noch auf einigen Feldtagen begleiten. Ich mag mich noch gut erinnern, wie wir an einem Tag von Täsch aus die fast 1200 Höhenmeter bis unter die Sattelspitzen aufstiegen, dort den Gesteinen auf und ab nachgingen, und am Abend wieder nach Täsch abstiegen – Peter war damals fast 80-jährig! Einen Taxitransport zur Täschalp zu nehmen kam nicht in Frage …

Peter Bearth fasste seine Forschungen, zuerst 1952 über die Monte-Rosa-Decke, dann 1967 über die Ophiolithe der Zermatt-Saas-Decke, in Monografien als Beiträge zur geologischen Karte der Schweiz zusammen; daneben publizierte er auch in Fachjournalen. In seiner Arbeit von 1967

Ab 1930: Auftritt von Peter Bearth

Dann war lange «Ruhe im Stall» am Allalinhorn. Und zwar bis ab Mitte der 1930er- bis anfangs der 1980er-Jahre *der* grosse Geologe für die ganze Region seine Spuren im Gebiet zwischen Simplonpass und Turtmanntal hinterlässt: Prof. Peter Bearth (Abb. 43). Als Sohn einer ärmlichen Familie aus der Surselva startete er seine Laufbahn als Geologe im Silvrettagebiet, bevor er sich dann auf die noch weitgehend brachliegende Geologie der südlichen Walliser Hochalpen stürzte. Als äusserst zäher Bergsteiger und versierter Feldgeologe brachte er ideale Voraussetzungen mit, diese Hochgebirgsregion geologisch zu kartieren. Seinen Lebensunterhalt verdiente er sich zwar weitgehend als Gymnasiallehrer, aber

Abb. 42 Die geologische Karte der Region um das Allalinhorn aus der Arbeit von R. W. Schäfer 1895. Vergleiche diese mit der von Prof. P. Bearth aufgenommenen Karte von Abb. 15. – oder mit den heutigen Gletscherständen!

Abb. 43 Prof. Peter Bearth (rechts, 1902–1989), mein «geistiger Doktorvater», und Prof. Martin Frey (1940–2000), mein eigentlicher Doktorvater, anlässlich einer Geologie-Exkursion in Korsika 1979.

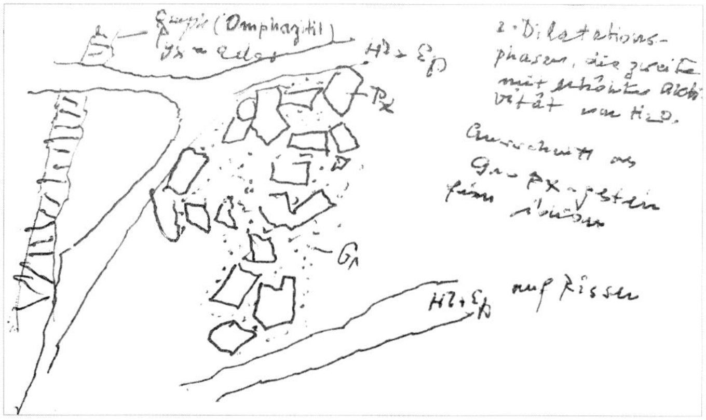

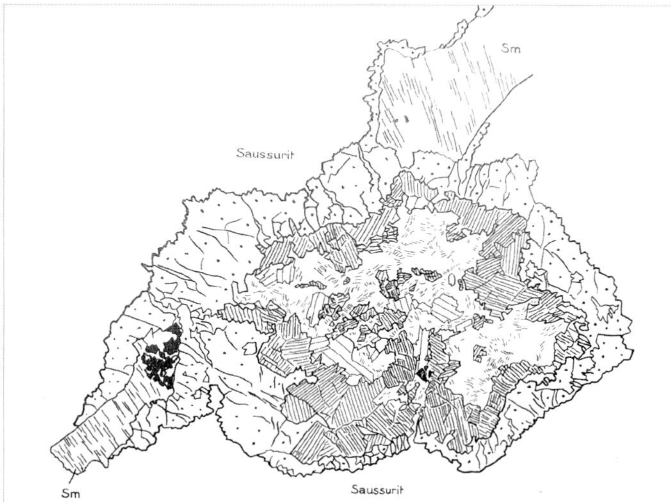

beschrieb er auch den Allalin-Gabbro ausführlich (Abb. 44, 45). Er erkannte die zweifache metamorphe Überprägung und interpretierte das Gestein zusammen mit den Metabasalten, Serpentiniten und Metasedimenten richtig als Stücke der Ozeankruste des Piemont-Ozeans – dies schon im Rahmen der damals komplett neuen geologischen Gesamttheorie der Plattentektonik.

1970er-Jahre: Nach Peter Bearth wieder die Engländer

Anfangs der 1970er-Jahre befassten sich wieder zwei britische Geologen mit dem Allalin-Gabbro, G.A. Chinner und J.E. Dixon aus Cambridge. Sie besorgten sich ihr Probenmaterial, wie alle anderen vor ihnen auch, aus den Moränen des Hohlaub- und Allalingletschers. Sie entdeckten die Übergangsstadien von der magmatischen Kristallisation zur ersten eigentlichen Metamorphose und benannten sie «Corona-Stadium», wegen der charakteristischen radialen Umwandlungszonen um die magmatischen Olivine herum. Für die Haupt-Metamorphose wählten sie den Begriff «Allalinit-Stadium», welcher sich nicht halten konnte. Sie erkannten jedoch, dass es sich dabei um eine eklogitfazielle Hochdruck-Metamorphose handelte und machten eine erste quantitative Druck-Temperatur-Abschätzung: 10–14 kbar, 500–700 °C.

Abb. 44 Skizze aus einem Feldbuch von Prof. P. Bearth – bei Kälte und Wind kurz festgehaltene Beobachtung am Allalinhorn.

Abb. 45 Skizze von Prof. P. Bearth: Olivin-Pseudomorphose in eklogitfaziellem Allalin-Gabbro nach einem Dünnschliff. Granatsaum (gepunktet), Füllung aus Omphacit (schraffiert) und Talk (gestrichelt). Mit solchen Skizzen lassen sich Verbandsverhältnisse zwischen den Mineralien viel präziser darstellen als mit Fotos.

1980–1983: Die Doktorarbeit des Autors, dem «Steidokter»

Peter Bearth war sich zu meiner Studienzeit bewusst, dass der Allalin-Gabbro noch viel moderne Erforschung nötig hatte – u. a. eine genaue Feldaufnahme am Allalinhorn selbst und das «Aufdröseln» seiner ganzen Metamorphosegeschichte. So schlug er dem damaligen Institutsleiter Prof. Martin Frey vor (Abb. 43), mir dies als Thema für meine Doktorarbeit anzubieten. Weil ich ebenfalls versierter Alpinist war und gerade die Ausbildung zum Bergführer begonnen hatte, war es für mich eine schöne Herausforderung, für die Feldarbeiten die wilden Flanken der S- bis SO-Wand des Allalinhorns zu durchsteigen (Abb. 46). In meinen Feldsommern 1980/81 war der «Steidokter», wie mich die damalige Hüttenwartin Therese Andenmatten nannte, in den Wänden und Graten des Allalinhorns unterwegs, und die Alpinisten, welche unten auf dem Gletscher auf der Route des Strahlhorns unterwegs waren, staunten nicht schlecht, wenn sie mitten aus der Riesenwand das Klopfen meines Hammers hörten … Unter anderem konnte ich viele der ursprünglichen magmatischen Strukturen erkennen, beispielsweise nachweisen, dass der Gabbro-Körper sozusagen «auf dem Kopf» liegt (Abb. 47). Besonders wichtig war meine Entdeckung verschiedener mineralgefüllter Adern, vorab die während der eklogitfaziellen Phasen in rund 90 km Tiefe entstandenen Omphacit- und Magnesiumchloritoid-Talk-Adern. Diese belegen, dass auch unter derart extremen Bedingungen Spröddeformation und Anwesenheit von Tiefengrundwässern in offenen Spalten möglich war (s. Kap. 14).

Abb. 46 Der Autor im Feldsommer 1980 in der SO-Wand des Allalinhorns. Geologische Feldarbeit in steilem Gelände.

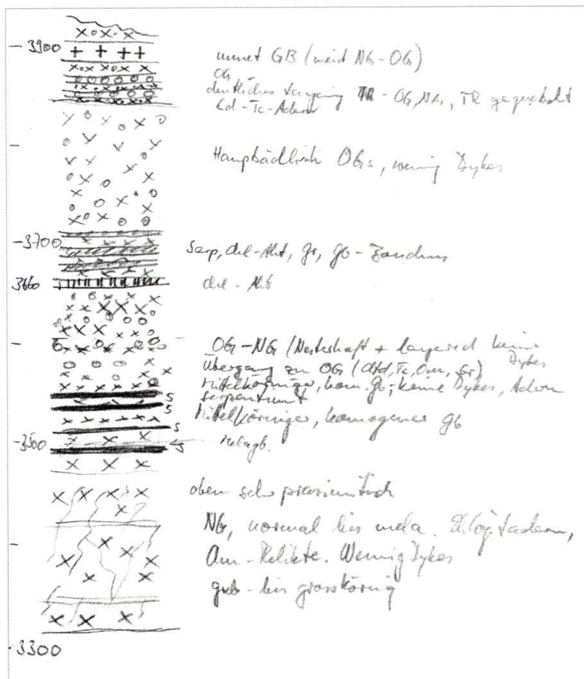

Abb. 47 Skizze aus meinem Feldbuch von 1980. Sie zeigt die Abfolge unterschiedlicher Gabbrotypen in einem Sammelprofil durch die SO-Wand, entstanden durch magmatische Prozesse.

Etwas in den Erinnerungen kramen …

Anfangs Juli 1980 ging es los zur Britanniahütte SAC auf 3027 m am Ende des Hinterallalingrats, bei mehrheitlich schlechtem Wetter. Mein Feldbucheintrag vom ersten richtigen Feldtag vom 12. 7. 80 lautet:

«Aufbruch 06:00 bei recht schönem Wetter Richtung Allalinpass. Es geht mit dem Einsinken, es ist nur streckenweise sehr mühsam. Die SO–Wand jagt mir Schrecken ein: steil, brüchig, steinschlägig. Es gibt nur wenige Möglichkeiten – wenn überhaupt – zum Durchkommen. Das flache Gletscherstück entlang der SO–Wand ist am gefährlichsten: heimtückische, unsichtbare Spalten! Nach einigem «Schnuppern» an den Felsen Rückweg, schon viel mühsamer».

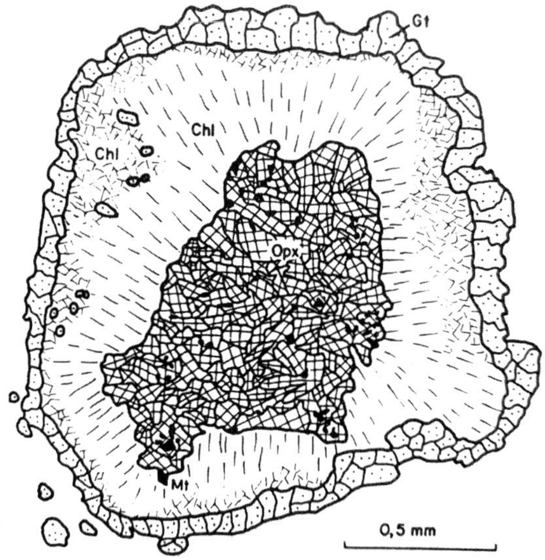

Heute wäre es undenkbar, allein auf Gletschergelände geschickt zu werden. Glücklicherweise erlebte ich in den beiden Feldsommern keine wirklich heikle Spaltensituation. Und Routen durch die S- bzw. SO-Wand fand ich dann schlussendlich drei. Ich nahm zwar hie und da mal einen Kollegen als Begleiter mit, aber dann musste ich nicht nur auf mich allein aufpassen, sondern hatte noch die Verantwortung für diesen. Ein Höhepunkt der Feldarbeiten war der Fund eines Aufschlusses im unteren Teil der SE-Wand, wo ich Gabbros in Eklogitfazies mit rhythmischer magmatischer Schichtung und gradierten Abfolgen von Mela- zu Leukogabbro fand, anhand derer ich die verkehrte Lage des Gabbrokörpers postulieren konnte. Am gleichen Aufschluss entdeckte ich auch noch eklogitfazielle Metabasaltgänge, die spröd boudiniert waren, mit grosskristallinem Magnesiumchloritoid in den Zerrspalten – Beweise für Spröddeformation unter hochdruck-faziellen Bedingungen, was damals eigentlich als undenkbar galt. Da war auch mein Doktorvater Prof. Martin Frey begeistert, als ich ihm diesen Aufschluss zeigte! Ich wollte diesen 2021 mit der jungen Forscherin Cindy Luisier, welche sich für den Allalin-Gabbro als Forschungsobjekt interessierte, wieder aufsuchen. In den vergangenen 40 Jahren sank die Gletscheroberfläche jedoch so enorm – um mindestens 50 m – ab, dass ein Zugang über die überaus steilen Felsen nicht mehr infrage kam.

Ich konnte in den beiden Feldsommern 1980/81 mehr als genug Material sammeln, Beobachtungen und Messungen anstellen, um daraus dann in langen Monaten von Laborarbeit eine integrale Entwicklungsgeschichte des Gesteins abzuleiten – geologische Detektivarbeit vom Feinsten. Die Abfolge der metamorphen Mineralien und Mineralreaktionen in den fünf Stadien – magmatisch, Corona, Eklogitfazies 1 & 2, Symplektit und Grünschieferfazies – wurde detailliert ermittelt (Abb. 48). Dabei konnte ich noch etliche bisher im Gestein unbekannte Mineralien bestimmen, und aus den ganzen Beobachtungen und Analysen eine detaillierte Metamorphosegeschichte ableiten, mit Drucken von über 20 kbar und Temperaturen von 550 bis über 600 °C der Eklogitfazies (Abb. 49). Für das Corona-Stadium postulierte ich Bedingungen der Granulitfazies, was mich eigentlich verwirrte, weil das so gar nicht zu einem ozeanischen Gabbro passen wollte.

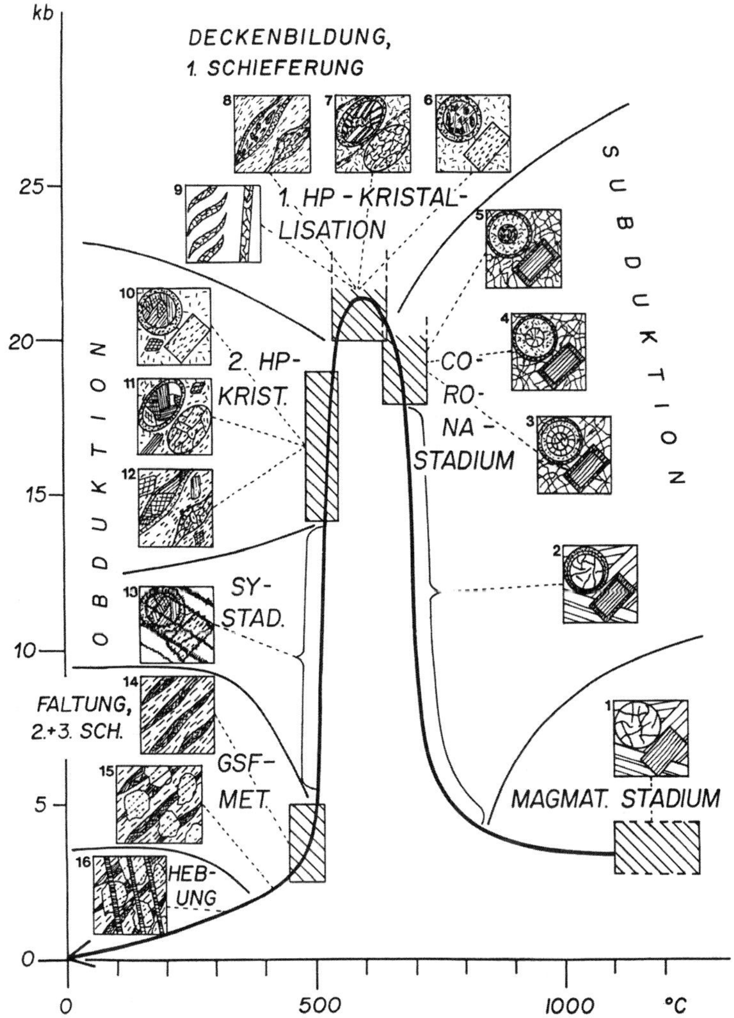

Abb. 48 Als Analogie zu Abb. 45 eine Dünnschliffskizze des Autors von einer Olivin-Pseudomorphose, diesmal aber im Corona-Stadium: Mineralabkürzungen wie in Anhang E.

Abb. 49 Das zentrale zusammenfassende Druck-Temperatur-Diagramm der Entwicklungsgeschichte des Allalin-Gabbros, wie ich es in meiner Doktorarbeit präsentierte. Die kleinen Skizzen in den «Boxen» illustrieren die Entwicklung der drei magmatischen Mineralien Plagioklas, Augit und Olivin, analog zu denjenigen in Abb. 32. Der PT-Pfad ist in groben Zügen gleich wie in der viel konkreteren Darstellung von Bucher und Grapes (2009) in Abb. 51.

1985–1995: Nochmals ein Engländer

Der englische Geologe A.C. Barnicoat von der Universität Leeds in England begann sich, oft zusammen mit seinem australischen Kollegen I. Cartwright, in den 1980er-Jahren für die hochdruck-metamorphen Gesteine der Zermatt-Saas-Decke, und ganz besonders für den Allalin-Gabbro zu interessieren. Er wollte in erster Linie herausfinden, woher die Fluids kamen, welche im primär wasserfreien («trockenen») magmatischen Gabbro zu den wasserreichen hochdruck-metamorphen Mineralien führten. Er untersuchte u. a. die Sauerstoff-*Isotopen*-Verhältnisse in den wasserhaltigen Mineralien – diese lassen Rückschlüsse auf die Herkunft der Fluids zu. Er kam zum Schluss, dass diese Fluids als Meerwasser schon kurz nach der Entstehung des Gabbros an Bruchzonen in das Gestein gelangten und im Gabbro teilweise die wasserfreien magmatischen Mineralien Augit, Plagioklas und Olivin zu wasserhaltigen Silikaten wie Chlorit und Serpentin umwandelten (Ozeanboden-Metamorphose). Bei der späteren Hochdruck-Metamorphose konnten dann nur in diesen wasserhaltigen Gabbro-Partien die Umkristallisationen zu den Hochdruck-Mineralparagenesen erfolgen. In den «trocken» gebliebenen Gesteinspartien haben sich die magmatischen Mineralien metastabil erhalten. Seine Argumentation scheint plausibel, aber nicht zwingend. Da aber bis dato alle Geologen wie selbstverständlich davon ausgingen, dass der Allalin-Gabbro ein normaler Ozeankrusten-Gabbro ist, wurde diese Interpretation akzeptiert – auch wenn keinerlei mineralogische Spuren einer Ozean-Hydrothermal-Metamorphose zu finden waren.

2005–2010: Der famose Forscher Kurt Bucher

Mich freute es sehr, dass fast 25 Jahre nach meiner Doktorarbeit mein damaliger Co-Referent Prof. Kurt Bucher (Abb. 50), unterdessen zu einem weltweit führenden Metamorphose-Geologen avanciert, zusammen mit seinem Kollegen R. Grapes im Jahre 2009 eine grosse, moderne und sorgfältige Arbeit über den Allalin-Gabbro publizierte. Sie beruhte einerseits auf meinen Vorarbeiten, andererseits auch auf eigenen Feldarbeiten und Forschungen. Sie bestätigten mit wenigen Ausnahmen meine Ergebnisse, und sie konnten die Druck-Temperatur-Ermittlungen noch weiter einengen: 25 kbar/610 °C für die eklogitfazielle Haupt-Metamorphose. Hatten alle bisherigen Forscher den Allalin-Gabbro als Teil der ozeanischen Ophiolith-Serie interpretiert, kamen Bucher und Grapes zum Schluss, dass der Allalin-Gabbro in rund 25 Kilometern Tiefe gebildet wurde – viel zu tief für Ozeankruste – und deshalb ein Teil der adriatischen (salassischen) Unterkruste gewesen sein musste, welcher bei der Subduktion der Piemont-Ozean-Kruste abgeschert und mit ihr weiter in die Tiefe gezogen wurde. Zu dieser Interpretation passen auch die chemischen Analysen des Allalin-Gabbros, die weniger zu ozeanischen als zu kontinentalen Gabbros passen. Für das Corona-Stadium bestimmten sie Temperaturen und Drucke um 825 °C/9,6 kbar. Zudem konnten sie sowohl für die magmatische Kristallisation mit 164 Mio. J. und für die eklogitfazielle Metamorphose mit 44 Mio. J. radiometrisch bestimmte Alter aus neueren Forschungsarbeiten hinzufügen.

Das alles führte sie zur Schlussfolgerung, dass der Allalin-Gabbro einen exotischen Körper in der Zermatt-Saas-Decke darstellt, der in der adriatischen (salassischen) Unterkruste entstanden ist, dann infolge einer Krustenverdickung das granulitfazielle Corona-Stadium erlebte, und erst bei der Subduktion der Piemont-Ozean-Lithosphäre von dieser abgeschert und mitgeschleppt wurde. Die beiden stuften den Allalin-Gabbro als derart wichtiges Beispiel einer mehrphasig erhaltenen Metamorphose-Geschichte ein, dass sie ihm in ihrem Standard-Lehrbuch «Petrogenesis of Metamorphic Rocks» ein eigenes Kapitel widmeten und ein Foto des Gesteins den Umschlag der neusten Auflage ziert (Abb. 2b). Ihr zusammenfassendes Druck-Temperatur-Diagramm ist zur Illustration in Abb. 51 wiedergegeben. Beachten Sie, dass dabei, wie in den Faziesdiagrammen der Abb. 21 und 34, die Temperaturachse horizontal, die Druckachse jedoch vertikal nach oben gezeichnet ist, wie das – eigentlich kontraintuitiv – in der Fachliteratur üblich ist, obwohl ja der Druck mit der Tiefe zunimmt und deshalb die Darstellungen in Abb. 21 und 34 vor allem für Amateure viel einleuchtender sein sollten.

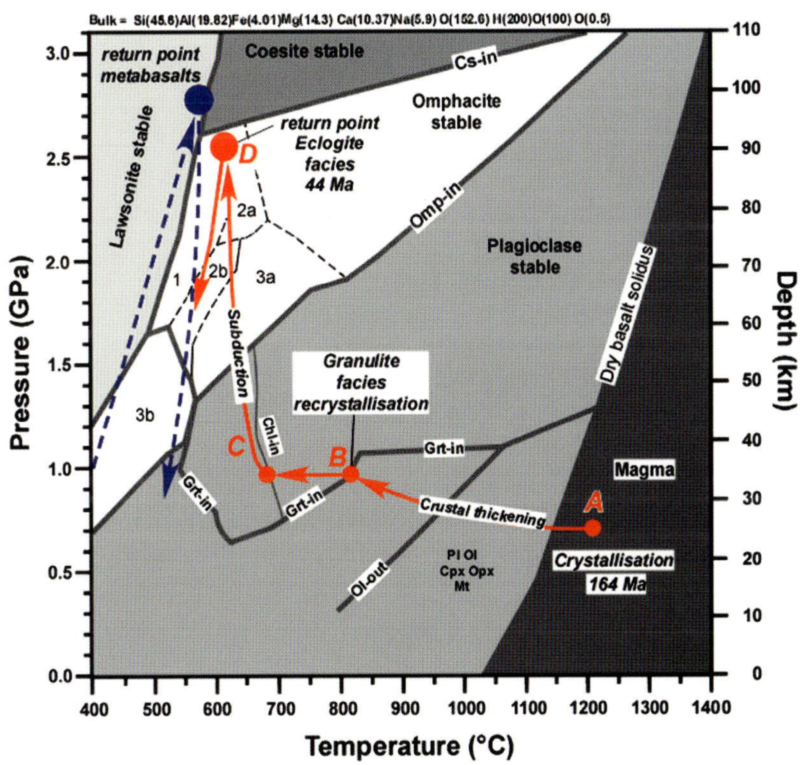

Abb. 50 Prof. Kurt Bucher – nicht am Allalinhorn, sondern an einem Gabbroaufschluss in Island.

Abb. 51 Das Druck-Temperatur-Diagramm aus der Arbeit von Bucher und Grapes (2009), als Illustration einer Grafik in einer wissenschaftlichen Publikation. Diese recht komplexe Darstellung ist im Diagramm der Abb. 34 in vereinfachter Form – und mit der Druckachse gegen unten – wiedergegeben.

Abb. 52 Die junge Forscherin Julia Dietrich von der Universität Bern, unterwegs auf dem Hohlaubgletscher im Jahr 2022.

Abb. 53 Die Geologin Cindy Luisier-Duretz bei gemeinsamer Feldarbeit am Hohlaubgrat im Jahr 2021.

Ab 2020: Die Forschungen gehen weiter

Die Daten und deren Interpretation von Bucher und Grapes liessen den Geologen keine Ruhe – zu ungewöhnlich war die Vorstellung eines nicht normalen ozeanischen Allalin-Gabbros, sondern eines exotischen kontinentalen Unterkrusten-Körpers, der erst bei der Subduktion in die Ophiolith-Decke Zermatt-Saas tektonisch eingeschuppt wurde. So nahmen die beiden Professoren Jörg Hermann und Thomas Pettke von der Universität Bern 2021 den «Forschungsfaden» wieder auf und schlugen der Nachwuchsforscherin Julia Dietrich (Abb. 52) vor, im Rahmen ihrer Masterarbeit die Sache weiter zu verfolgen. Sie führte umfangreiche Mineral- und Gesteinsanalysen durch. Mithilfe von Gehalten an Spurenelementen, welche in der Geologie als eine Art «geologische Fingerabdrücke» verwendet werden können, verglich sie die Gabbros mit den Basaltgängen und den Basalten der Zermatt-Saas-Decke. Sie schloss daraus auf einen genetischen Zusammenhang, dass demzufolge der Allalin-Gabbro ein Ozeankrusten-Gabbro sei. Weitere Argumente betreffen die Herkunft der Fluide, die für sie für eine Ozeanmetamorphose sprechen. Bei der Drucklegung dieses Buches dürfte ihre Arbeit ebenfalls erst gerade für das «Swiss Journal of Geociences» gedruckt werden.

Eine weitere junge Forscherin, die Walliserin Cindy Luisier-Duretz (Abb. 52), untersuchte für ihre Doktorarbeit hochdruck-metamorphe Gesteine der Monte-Rosa-Decke. Sie konnte dort an überzeugenden Beispielen nachweisen, dass das seit Langem hochgehaltende Paradigma, der Gesteinsdruck werde immer und einzig durch die Überlagerungsmächtigkeit bzw. die Versenkungstiefe definiert – analog zum Wasserdruck im Ozean – nicht durchwegs anwendbar ist. Sondern dass es durch tektonische Kräfte innerhalb desselben Gesteinskörpers bis über 10 kbar Druckdifferenzen geben kann, und deshalb die einfache Ableitung vom ermittelten Druck bei der Metamorphose auf die Versenkungstiefe zumindest nicht immer stimmen und mit grosser Vorsicht angewendet werden muss. Sie begann 2021 die mit Hochdruck-Mineralien gefüllten Adern im Allalin-Gabbro zu untersuchen (s. Kap. 14 und Abb. 36), mit der Fragestellung, unter welchen Bedingungen in so grosser Tiefe Gesteine noch spröd reagieren können, und woher die Fluids kamen. Moderne analytische Methoden und leistungsfähige numerische Modelle werden es ihr und anderen Forschenden ermöglichen, diese Fragen zu beantworten und die Prozesse zu verstehen, die bei der Bildung des Allalin-Gabbros abliefen.

Ja was denn jetzt?

Aufgrund der bisher publizierten Forschungen komme ich zum Schluss, dass die Interpretation von Bucher und Grapes bisher die überzeugendste ist, und so präsentiere ich die Entstehungsgeschichte des Allalin-Gabbros auch danach. Das Beispiel Allalin-Gabbro zeigt sehr schön, wie wissenschaftliche Forschung funktioniert. Hypothesen werden aufgestellt («Der Allalin-Gabbro ist ein normaler Ozeankrustengabbro»), bis jemand kommt und diese mit nachvollziehbaren und überprüfbaren Argumenten widerlegt («Nein, der Allalin-Gabbro ist ein Kontinentalkrustengabbro»). Diese Interpretation bleibt so lange bestehen, bis wiederum andere kommen und sie überzeugend widerlegen oder ergänzen können.

Ob dies mit der Arbeit von Julia Dietrich schon erfolgt ist, darauf wage ich mich noch nicht festlegen. Eines ihrer wichtigen Argumente finde ich schon auch sehr bedenkenswert: Unterkrusten-Gabbros, wie von Bucher und Graves postuliert, gibt es tatsächlich in den Alpen (siehe Folgekapitel), aber diese haben alle permische Alter von 270–290 Mio. J. (s. Kap. 20), sind also gute 100 Mio. J. älter als der Allalin-Gabbro mit seinem von 164 Mio. J. Krusten-Gabbros dieses Alters wurden sonst bisher in den Alpen nicht festgestellt.

Der Allalin-Gabbro bleibt also auch nach über 130 Jahren geologischer Forschung ein ergiebiges Forschungsobjekt für die Geowissenschaften, an dem sich viele grundsätzliche Fragen der Gesteinsmetamorphose studieren lassen. Es bleibt spannend.

18

Schönheit und Emotion

Warum Naturwissenschaften diese Themen nicht ausschliesst – im Gegenteil

«Nature holds the key to our aesthetic, intellectual, cognitive, and even spiritual satisfaction.»
(E. O. Wilson, Biologe)

Immer wieder erinnere ich mich an den mit recht heftiger Emotion während eines gemeinsamen Feldtages von meinem verehrten Mentor Prof. P. Bearth geäusserten Ausruf: «Schönheit ist kein wissenschaftlicher Begriff!». Längst bin ich vom Gegenteil überzeugt und kann mir sogar vorstellen, dass Peter Bearth dies eher als Schutzbehauptung äusserte, um seine eigenen Emotionen gegenüber seinen geliebten Gesteinen und der Geologie nicht zeigen zu müssen. Oft wird die These postuliert, dass sich Naturwissenschaftler mit ihrer analytischen Sicht auf die Natur gar nicht mehr auf eine kindlich-unbedarfte Art und Weise über die Schönheit, sagen wir einer Blume, einer Landschaft oder eines bunten Kieselsteins, freuen können, dass solche emotionalen Erlebnisse durch die analytische Betrachtung zugeschüttet würden – die armen Naturwissenschaftler!

Das Gegenteil ist der Fall

Wenn ich mich am Anblick eines schönen Stückes Allalin-Gabbro erfreue, tauchen in meinem Geologen-Kopf gleichzeitig viele Fragen auf: Woher kommt das unglaubliche Grün des Chrom-Omphacits? Wie kommen die so unterschiedlichen Farbtöne des Saussurits zustande? Warum wurde über weite Strecken das magmatische Gefüge trotz extremer Metamorphose mit ihren hohen Drücken so gut erhalten? Wie, wann, wo und warum trat Wasser zum Gestein, welches die wasserhaltigen Mineralien wie etwa Talk und Zoisit bei der Metamorphose entstehen liess? Und viele Fragen mehr. Zu einigen weiss ich Antworten, einige stacheln meine Forscherneugier an. Alle bereichern und vertiefen auch mein emotionales Erlebnis, die Schönheit wird sozusagen mehrdimensional. Neugier hat oft einen eher negativen Beigeschmack etwa vom Nachbar, der seine Nase in meine Angelegenheiten steckt. Doch Neugier ist zunächst einmal einer der Hauptmotoren unserer menschlichen Tätigkeiten, besonders in den Wissenschaften. Sie treibt uns an, Dinge bewusst wahrzunehmen, zu beschreiben, und dann damit zu beginnen, Fragen zu stellen. Und das ist etwas Beglückendes und Erfüllendes.
Wenn mein Nachdenken beim Anblick des Handstückes weitergeht, von seinem Ursprung und seiner Entstehung zur Plattentektonik, zum Zusammenhang zwischen Plattentektonik und Klima, ja sogar des Lebens, zur Entstehung der Erde bis zur Entstehung unseres Universums – dann wächst mein Staunen und meine Ehrfurcht über die Wunder der Natur, und es wächst meine Demut im Bewusstsein meiner Kleinheit, der letztlichen Bedeutungslosigkeit all unseres Strebens und Trachtens – und ich lande automatisch in spirituellen Dimensionen. Kein Wunder, waren und sind die grossen Naturwissenschaftler in aller Regel Menschen mit einem hohen spirituellen Bewusstsein.
Und so freue ich mich, wenn ich Ihnen, liebe Leserinnen und Leser, mit diesem Buch nicht nur die rein ästhetische Schönheit des Allalin-Gabbro vermitteln kann, sondern Ihnen auch zu einigen weiteren und vertieften Erkenntniserlebnissen verhelfen kann, Sie zum demütigen Staunen über den Reichtum der Natur, unserer Erde, unseres Kosmos bringen kann.

Abb. 54 Staunen, sich freuen, Fragen stellen angesichts der Schönheit von Gesteinen – hier am Fuss der Cima di Gagnone im Verzascatal TI.

19

Portfolio **Die Magie im Mikroskop**

Der Allalin-Gabbro wird durchsichtig

Stapft die Geologin im Feld herum auf den Spuren der Gesteine und ihrer Geschichte, so ist neben dem Feldbuch und dem Hammer die Lupe ihr wichtigstes Hilfsmittel. Mit Übung und Erfahrung kann man mit der Lupe schon Vieles erkennen. Und doch sind die Möglichkeiten begrenzt. Also nimmt die Geologin Handstücke mit ins Labor für die weitere Untersuchung. Heute stehen ihr dafür – vergleichbar mit all den Hightech-Geräten der modernen Medizin – eine beträchtliche Auswahl von raffinierten Analysegeräten zur Verfügung. Doch bevor sie diese einsetzen kann, muss sie, auch heute noch, das Gestein mit stärkerer Vergrösserung in einem Lichtmikroskop anschauen. Dabei macht sie sich eine spezielle Eigenschaft der gesteinsbildenden Mineralien zunutze: Praktisch alle werden, wenn sie nur dünn genug bearbeitet sind, durchsichtig. Deswegen werden sogenannte Dünnschliffe hergestellt. Das geschieht wie folgt (Abb. 55): Von der gewünschten Gesteinspartie wird ein rechteckiges Klötzchen von ca. 4 × 2 × 1 cm ausgesägt. Die eine Seite wird feingeschliffen und auf ein Objektträgerglas aufgeklebt. Dann wird das Klötzchen auf rund 1–2 mm Dicke abgesägt und anschliessend auf einer Präzisionsschleifmaschine auf eine Dicke von 25 Tausendstel Millimeter heruntergeschliffen – wobei die Dicke über das ganze Präparat genau gleich bleiben muss. Früher war das eine richtige Handwerkskunst, heute besorgen es Präzisionsmaschinen.

Bei dieser Standarddicke sind nun praktisch alle Mineralien, mit Ausnahme der *Erzmineralien*, transparent und können im Durchlichtmikroskop mit bis zu 600-facher Vergrösserung betrachtet werden. Viele gesteinsbildende Mineralien sind in dieser Dicke farblos, einige zeigen charakteristische Eigenfarben. Zur Unterscheidung der farblosen Mineralien wird noch ein optischer Trick angewendet, indem das Präparat unter zweifach polarisiertem Licht betrachtet wird. Dadurch entstehen in den meisten Mineralien sogenannte Interferenzfarben, die sich mit dem Drehen des Präparats in mineralspezifischer Weise verändern. So und mit noch weiteren optischen Tricks können die Mineralien unterschieden und meist auch bestimmt werden.

Aber nicht nur die in einem Gestein vorhandenen Mineralien können aus den Dünnschliffen bestimmt werden, sondern, fast noch wichtiger, deren Formen, Anordnungen und gegenseitiger Beziehungen. So kann man beispielsweise folgende Feststellungen machen: Mineral A wuchs auf Kosten von Mineral B und C; die Mineralien U, V und W wurden deformiert, die Mineralien X und Y hingegen nicht – entstanden also nach der Deformationsphase; Mineralien D und E reagierten miteinander und es entstanden daraus die Mineralien F und G; die Mineralien M, N und O kristallisierten gleichzeitig und im chemischen Gleichgewicht, daraus lässt sich der Metamorphosegrad Q ableiten – etc.

Auf diese Art und Weise wurde auch die Entstehungs- und Metamorphose-Geschichte des Allalin-Gabbros «auseinandergedröselt».

Die Fotos auf den folgenden Seiten geben Ihnen einige Eindrücke aus der Welt der Gesteinsdünnschliffe vom Allalin-Gabbro. Die Auswahl erfolgte einerseits und in erster Linie nach ästhetischen Kriterien, die Fotos sollen Sie staunen lassen über die Struktur- und Farbvielfalt auch in der mikroskopischen Dimension. Andererseits sollen auch die wichtigsten Stadien der Entwicklung des Allalin-Gabbros dokumentiert werden. Zudem sehen Sie Beispiele von Aufnahmen sowohl im un- als auch im polarisierten Licht mit ihren bunten Interferenzfarben. Ausführliche Erläuterungen der gezeigten Fotos, auch für Profis, finden sich auf meiner Webseite rundumberge.ch.

Abb. 55 Klötzchen aus undurchsichtigem Allalin-Gabbro und daraus hergestelltem, transparentem Dünnschliff.

Abb. 56 Dünnschliff-Fotos von Allalin-Gabbros. Aufnahmen bei einfach polarisiertem Licht mit den natürlichen Farben:
−N: Aufnahmen bei einfachem polarisiertem Licht mit den natürlichen Farben.
+N: Aufnahmen im doppelt polarisierten Licht mit Interferenzfarben.
Auf Masslinien wird zugunsten der Ästhetik verzichtet. Die Bildbreiten liegen zwischen 1 und 2 cm.

Abb. 56a Ausschnitt aus praktisch unmetamorphem Normalgabbro (+N). Graue Körner mit Zwillingslamellen = Plagioklas, bunt = Augit.

Abb. 56b Ausschnitt aus Olivingabbro bis Troktolith mit teilweise erhaltenen magmatischen Mineralien im Coronastadium (+N). Bunte Körner mit doppelten Coronas aus hellem (=Orthopyroxen) und schwarzem (= Granat) Mineral = Olivin. Grell gelbgrüne Körner = Augit. Die braungraue feinstkörnige Masse ist Saussurit 1, Umwandlungsprodukt aus magmatischem Plagioklas.

Abb. 56c Ausschnitt aus Troktolith (-N) in Eklogitfazies. Die unregelmässigen Formen sind Olivin-Pseudomorphosen, mit einem Saum von bräunlichem Granat und Füllung aus Talk, Omphacit und Disthen. Die graubraunen fein durchaderten Zonen sind, Saussurit 2, pseudomorph nach Plagioklas.

Abb. 56d Gleicher Ausschnitt wie 56c, aber mit +N. Der Granat der Säume um die Olivin-Pseudomorphosen erscheint bei +N schwarz, die Füllmineralien haben unterschiedlich intensive Interferenzfarben. Die feinen Äderchen im Saussurit 2 markieren Fluid-Wegsamkeiten im Gestein.

Abb. 56e Ausschnitt aus Troktolith in Eklogitfazies (+N). Hier enthalten die Granat-umsäumten Olivin-Pseudomorphosen neben etwas Talk mit seinen hell rosa-grünen Interferenzfarben vor allem Mg-Chloritoid, der braune bis graublaue Interferenzfarben zeigt (makroskopisch ist er ja tiefschwarz, s. z. B. Abb. 39a). Der Saussurit 2 ist etwas besser auskristallisiert als in 56d.

Abb. 56f Nochmals Ausschnitt aus einem Troktolith mit einer einzigen, unregelmässig geformten Olivin-Pseudomorphose (−N). Der Granatsaum ist bräunlich, die Füllung besteht vollständig aus Glaukophan-Stängeln mit seinen lila bis gelben Farben. Makroskopisch würden diese hell lila erscheinen (z. B. Abb. 39k).

Abb. 56g Ausschnitt aus einem grossen hellgrünen «Smaragdit»-Kristall (=Augit-Pseudomorphose) in Eklogitfazies, mit einer Querkluft mit Aktinolith-Stängeln (+N). Was makroskopisch als homogene, hellgrüne Masse erscheint, zeigt im Mikroskop feinste Verwachsungen von Cr-Omphacit mit Talk und eingestreuten Aktinolith-Stängeln.

Abb. 56h Zwei mineralgefüllte Adern in eklogitfaziellem Gabbro (+N). Horizontal eine cm-dicke Omphacit-Ader. Die gebogenen Formen der Kristalle weisen auf eine seitliche Verschiebung während des Wachstums hin. Diese dicke Ader wird, von dünneren, späteren Adern gefüllt, mit blaugrüner Hornblende aus der Symplektit-Phase durchschlagen.

Abb. 56i Ausschnitt aus einem Omphacit-Granat-reichen eklogitfaziellen Gabbro (-N), durchzogen von einem Netzwerk von feinen, mineralgefüllten Äderchen des Symplektit-Stadiums. Diese sind vor allem mit blaugrüner Hornblende gefüllt.

Abb. 56j Ausschnitt aus einer dicken, grobkristallinen Mg-Chloritoid-Talk-Ader (+N). Die makroskopisch schwarzen Mg-Chloritoide (z. B. Abb. 39i) sind transparent und zeigen graublaue Interferenzfarben. Der Kristall mit rosa Interferenzfarben unten links ist Talk. Entlang der Korngrenzen zerfällt der Mg-Chloritoid zu feinkörnigen Verwachsungen von Glimmer- und anderen Mineralien (Symplektit-Stadium).

Abb. 56k Vollständig grünschieferfaziell rekristallisierter Gabbro (-N). Makroskopisch sieht das Gestein aus wie in Abb. 4s oder 35k. Die prismen- oder rautenförmigen Kristalle sind Aktinolith, die in einer grünlichen Chloritmasse liegen. Die Stängelchen mit starkem Relief sind Zoisite, die runden, hellen Körner sind Albit.

Abb. 56l Ausschnitt aus einer ultramafischen Lage im Gabbro (wie z. B. in Abb. 4p unten, +N). Die bunten Stängel und Rauten sind Aktinolith, die blaugraue, feinkristalline Masse ist Serpentin und die ebenso feine, braune Masse ist Chlorit. Die rundlichen, hellen Körner sind spät gesprosste Albit-Kristalle.

56a | 56

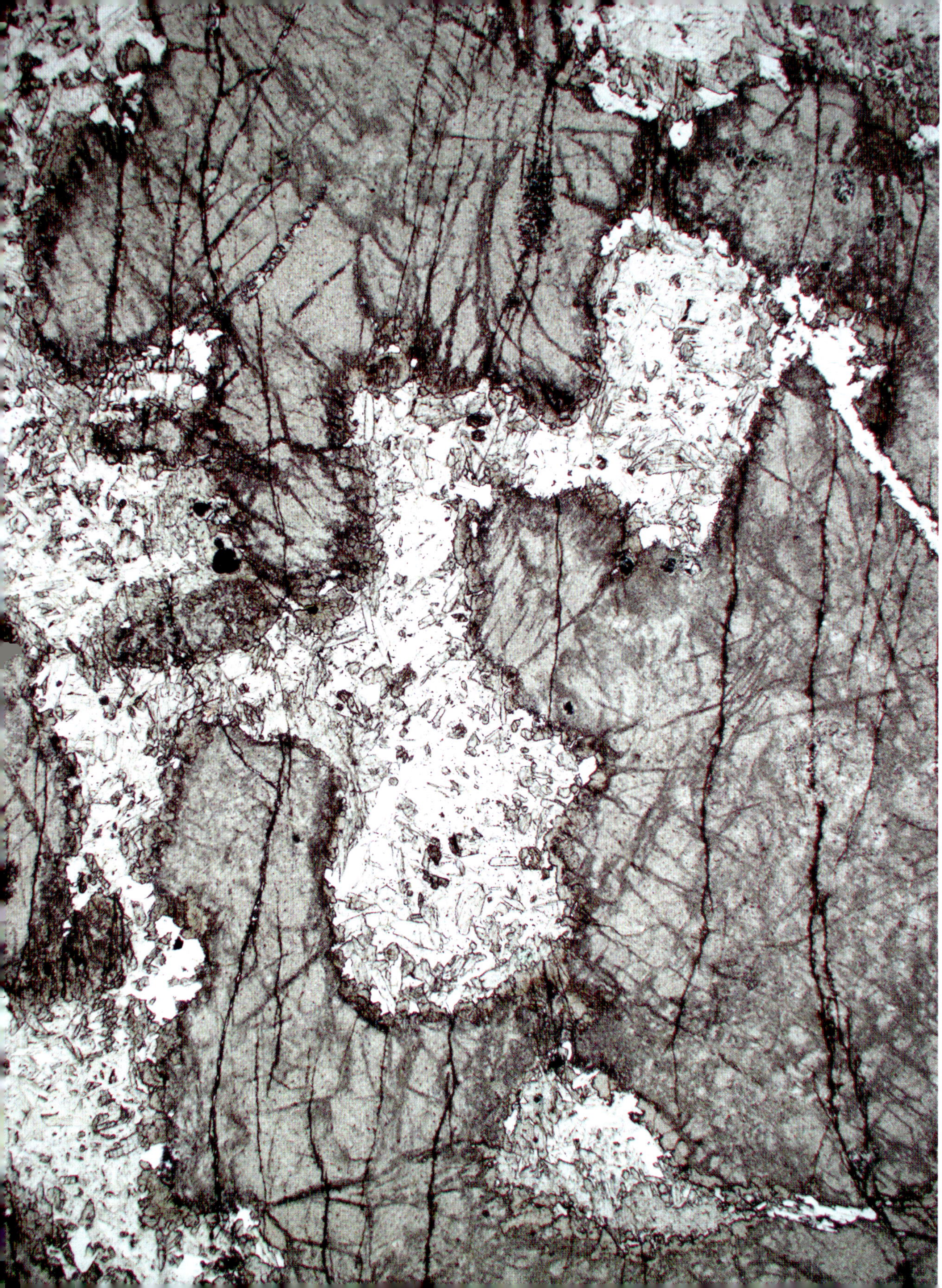

56c

56e | 56

56g | 56

56i | 56

56k | 56l

20

Brüder, Schwestern, Tanten und Onkel

Andere Gabbros in den (Schweizer) Alpen

In diesem Buch über den einzigartigen Allalin-Gabbro soll auch ein Blick auf die «Gabbro-Szene Schweiz» geworfen werden. Meiner Erfahrung nach ist Gabbro für viele ein gänzlich oder teilweise unbekanntes Gestein, obwohl es ja nichts anderes ist als der in der Tiefe stecken gebliebene Zwilling des allseits bekannten Vulkangesteins Basalt. Wo findet man in der Schweiz (und im angrenzenden Umland) überall Gabbros? Sind diese in Bezug auf geologischen Kontext, Alter und Entstehung vergleichbar?

Gibt man auf der Webseite der schweizerischen Gesteinsformationen «www.strati.ch» das Stichwort «Gabbro» ein, erscheinen ganze 62 Einträge – das hat mich beim ersten Mal doch sehr überrascht. Zwar kommen zum Stichwort «Granit» mit 325 Einträgen deutlich mehr, aber 62 Gabbro-Formationen, das ist wohl viel mehr, als auch Sie erwartet hätten, nicht wahr? Nun, es gibt einige Doppelnennungen und einige «Gäste» von ausserhalb der Schweizer Grenzen darunter, aber trotzdem: So einzigartig der Allalin-Gabbro auch ist, Gabbros an sich sind gar nicht so selten in den Alpen.

Die Gabbro-Vorkommen der Alpen können tatsächlich gruppiert werden, und zwar in folgende genetisch unterschiedliche Klassen:

a) Gabbros als Teil der Ophiolith-Einheiten bzw. der jurassischen, ozeanischen Kruste des Piemont-Ozeans.
b) Permische Gabbros in der salassischen Unterkruste (früher Unterostalpin, adriatische Mikroplatte).
c) Gabbros der Ivreazone (südalpine Unterkruste, adriatische Mikroplatte).
d) Ältere Gabbros in den kontinentalen, kristallinen Grundgebirgen von Europa und Adria.

In der Tabelle 5 sind einige der wichtigsten Vertreter dieser Gabbrogruppen zusammengestellt und die wichtigsten davon werden auch mit Fotos vorgestellt.

Tabelle 5 **Übersicht über die Gabbro-Typen in den Alpen**

Name/Tektonische Einheit	Kanton/Region	km²	Bildungsalter	Metamorphosegrad/-alter	Bemerkungen	Abb.
a) Allalin-Gabbro – zum Vergleich						
Allalin-Gabbro	VS/Allalinhorn	ca. 2,5	Um 164 Mio. J. Mittlerer Jura	polymetamorph Eklogitfazies vor 44 Mio. J. Grünschieferfazies vor ca. 38 Mio. J.	Analoge Gesteine in den Westalpen, ligurischen Alpen und in Korsika, aber dort ohne Corona-Stadium	ganzes Buch
b) Gabbros der Ophiolith-Einheiten/ozeanische Kruste des Piemont-Ozeans (Oberpenninikum)						
Metagabbros der Zermatt-Saas-Decke	VS/Zwischen Saas-Fee und Zermatt, nur kleine Vorkommen	<0,1	wahrscheinlich Später Jura	polymetamorph Eklogitfazies vor 44 Mio. J. Grünschieferfazies vor ca. 38 Mio. J.	Analoge Gesteine in den Westalpen, ligurischen Alpen und in Korsika	**35k**
Aiguilles-Rouges-Metagabbro Tsaté-Decke	VS/Aig. Rouges ob Arolla	ca. 5	um 153 Mio. J. Später Jura	Paläogene, alpine Grünschieferfazies, magmatische Klinopyroxen-Relikte	Als typischer «Flasergabbro» ausgebildet	**57a** **57b**
Gabbro der Gets Decke	Hundsrügg südlich Jaunpass/BE	<0,1	Datiert auf 166 Mio. J.	unmetamorph	Wichtiges unmetamorphes Vergleichsgestein	**57c**
Alp-Natons-Gabbro Platta-Decke	GR/oberhalb Alp Natons an der Ostseite des Marmorera-Stausees	< 0,5	Um 161 Mio. J. Mittlerer Jura	Paläogene, alpine, untere Grünschieferfazies, magmatische Klinopyroxen- und Plagioklas-Relikte	Meist als Flasergabbro ausgebildet.	**57d**
c) Permische Gabbros in der salassischen Unterkruste (früher Unterostalpin, adriatische Mikroplatte)						
Mont-Collon-Bertol-Gabbro Dent-Blanche-Decke	VS/Gebiet sso Arolla, zwischen Mont Collon und Dents de Bertol	ca. 12	um 284 Mio. J. Frühes Perm	magmatische Mineralogien häufig erhalten, lokale Überprägungen in Grünschieferfazies (Neogen)	Überwiegend Olivingabbros bis Troktolithe. Viele gut erhaltene magmatische Strukturen.	**57e** **57f**
Matterhorn-Gabbro Dent-Blanche-Decke	VS/An der Basis der Ost- und Südwände des Matterhorns	ca. 5	um 284 Mio. J. Frühes Perm			**57g** **57h**
Fedoz-Metagabbro Margna-Decke	GR/Ostseite des mittleren Val Fedoz über den Monte dell Oro bis in dessen Südhänge im Val Muretto	ca. 4	Um 270 Mio. J. Frühes Perm	Paläogene alpine Metamorphose in Epidot-Amphibolit-Fazies (450–500 °C/7 kbar)	Als typischer «Flasergabbro» ausgebildet; Analoges Vorkommen: Braccia-Gabbro im Val Malenco	**57i**
d) Permische Gabbros der Ivreazone (südalpin-salassische Unterkruste)						
Granulitfazielle Gabbros Amphibolitfazielle Gabbros Ivreazone	Ganzer nordwestlicher Teil der Ivreazone zwischen Ascona und Ivrea; ausschliesslich auf italienischem Boden.	Zw. 100–200	Um 280–290 Mio. J. Frühes Perm Zweiter Schub um 230 Mio. J. Mittlere Trias	Interpretiert als Unterkrusten-Intrusionen («Underplating») bei der beginnenden Zerdehnung von Pangea. Kurz nach der Intrusion Metamorphosen in Granulit- bis Amphibolitfazies.	Typische Ausbildungen sind grobkörnige, basische Granat-Granulite.	**57j** **57k** **57l**
e) Ältere Gabbros in den kontinentalen kristallinen Grundgebirgen von Europa (Helvetikum) und Adria (Ostalpin)						
Chastelhorn-Gabbro Gotthard-Decke	UR/Südflanke des Chastelhorns, südlich von Andermatt	ca. 0,5	Um 467 Mio. J. Mittel-/Unter-Ordovizium	Ordovizische Polymetamorphose (Eklogit-Granulit-Amphibolit-Fazies)	Vereinzelt magmatische Strukturen erhalten.	
Metagabbros des Ostalpins Silvrettadecke, auch unterostalpine Decken	In den Amphiboliten zwischen Piz Grialetsch und Piz Linard	<0,5	Ordovizisch	Amphibolitfazielle, variszische Metamorphose	Nur vereinzelte Zonen mit reliktischen Gabbrogefügen in den Amphibolitserien	**57m** **57n**

a) Gabbros als Teil der Ophiolith-Einheiten bzw. der jurassischen ozeanischen Kruste des Piemont-Ozeans

Die Ozeankruste des Piemont-Ozeans (= Oberpenninikum) war nicht vollständig ausgebildet wie an einem klassischen mittelozeanischen Rücken à la Atlantik, mit einer mehrere Kilometer mächtigen Gabbroschicht. Das Ozeanbecken war durch eine schief zur Achse laufende Spreizung und zahlreiche Transformbrüche gekennzeichnet, an welchen Serpentinit und darin eingelagerte, meist kleine Gabbro-Körper bis an die Oberfläche gehoben wurden. Darüber lagerten sich *Kissenbasalte* und lokal Tiefseesedimente ab. Dementsprechend sind die meisten Gabbros des Piemont-Ozeans eher kleinere Körper. Diejenigen in der Nachbarschaft des Allalin-Gabbros (Gabbros vom Egginer, Spitze Fluh etc.) wurden schon in Kapitel 6 vorgestellt (Abb. 18 b, c). Die grössten ophiolithischen Gabbros sind der Aiguilles-Rouges-Metagabbro der Tsaté-Decke (Abb. 57 a, b) und, viel weiter südlich, der Metagabbro des Monte Viso an der Grenze Italien/Frankreich westlich von Turin (I) Der Aiguilles-Rouges-Metagabbro kann gut entlang des Hüttenwegs von Arolla zur Aiguilles-Rouges-Hütte studiert werden.

In der oberpenninischen Gets-Decke, welche sozusagen «auf dem Rücken» der mittelpenninischen Klippendecken weit nach NW überschoben und so einer tieferen Versenkung und Metamorphose entgangen ist, finden sich kleine Stücke von Ozeankrusten-Gabbro, die unmetamorph erhalten blieben (Abb. 57 c). Der Natons-Metagabbro ist einer der bekannteren und grösseren Gabbro-Linsen in der komplex zusammengesetzten Platta-Decke, der wichtigsten oberpenninischen Ophiolith-Decke Graubündens (Abb. 57 d). Insgesamt sind die oberpenninischen Gabbros Graubündens aber samt und sonders sehr kleine Vorkommen. Gute Beispiele davon finden sich an der Staumauer von Marmorera.

Abb. 57 a Der Hauptgipfel der Aiguilles Rouges d'Arolla (3486 m), vom Weg zur geichnamigen Hütte aus. Der ganze Berg besteht aus Metagabbro der Tsaté-Decke.

Abb. 57 b Der Aiguilles-Rouges-Metagabbro in seiner typischen Ausbildung: stark grünlich saussuritisierter Plagioklas und *diallagisierte* magmatische Augite.

Abb. 57 c Unmetamorpher Gabbro der oberpenninischen Gets-Decke beim Jaunpass.

Abb. 57 d Der Metagabbro von Natons in der Platta-Decke, beim Marmorera-Stausee im Oberhalbstein GR – sehr ähnlich zu 57 b.

b) Permische Gabbros in der adriatisch-salassischen Kruste (Salassikum, Ostalpin)

Im salassisch-ostalpinen Grundgebirge spielten sich in der älteren Permzeit zwischen rund 290–270 Mio. J. Dehnungsvorgänge ab, welche zu Gabbro-Intrusionen in die untere bis mittlere Kruste führten. Man spricht heute dabei von «Underplating» (auf Deutsch etwa als «Unterplattenbildung» zu übersetzen). Die beiden bekanntesten Beispiele auf Schweizer Boden sind die beiden grossen Gabbro-Korper von Mont Collon–Dent de Bertol (Abb. 57e, f) und des Matterhorns (Abb. 57g, h). Sie sind sehr ähnlich ausgebildet und auch ihr Intrusionsalter und ihre eher geringfügige alpine Überprägung sind vergleichbar. Gute frische Handstücke von beiden können in den Moränen der entsprechenden Gletscher gefunden werden.

Auf der Ostseite der Tessiner Kulmination findet sich in der ebenfalls salassischen Margna-Decke ein analoger Gabbro-Körper, der Fedoz-Meta-Gabbro (Abb 57i). Dieser ist alpinmetamorph wesentlich stärker überprägt und liegt durchwegs als amphibolitfazieller Flasergabbro vor. Um ihn aufgeschlossen zu finden, muss man sich in hochalpines Gelände am Monte dell'Oro wagen – er kann aber auch im Bachgeröll des Fedoz-Baches gefunden werden.

Abb. 57e Der Mont Collon (3636 m) von Süden. Er besteht praktisch gänzlich aus Gabbro.

Abb. 57f Ein Stück Collon-Gabbro mit magmatisch entstandener heterogener Zusammensetzung.

Abb. 57g Das Matterhorn (4478 m) von Westen. Der Matterhorn-Gabbro nimmt den unteren Teil des Berges mit etwas hellerem Gestein ein. Am Testa del Leone rechts ist der horizontale Kontakt zu den darüberliegenden dunkleren Gesteinen der Arolla-Serie sichtbar.

Abb. 57h Makroaufnahme von Matterhorn-Gabbro.

Abb. 57i Der Piz dell'Oro im obersten Val Fedoz. Die grüngrauen Felsen im oberen Bereich bestehen aus Fedoz-Meta-Gabbro.

c) Gabbros der Ivreazone (südalpine Unterkruste)

An sich gehören diese Gabbros zur gleichen Klasse wie b) – auch sie wurden im Wesentlichen in der älteren Permzeit durch «underplating» in der untersten kontinentalen Kruste gebildet. Allerdings gibt es auch noch jüngere Gabbros aus der Triaszeit. Die Ivrea-Gabbros werden hier separat vorgestellt, weil die Ivreazone ein derartig einzigartiges und abnormales Gebilde ist, und weil diese Gabbros zudem kurz vor bzw. während ihrer Bildung bei sehr hohen Temperaturen in Granulit- und danach teilweise in Amphibolitfazies umgewandelt wurden (Abb. 57j). Sie liegen deshalb zum grossen Teil als sehr schöne «basische Granat-Granulite» vor (Abb. 57k), oder eben als amphibolitfazielle Hornblende-Gabbros (Abb. 57l).

Die Ivreazone ist das einzige Gebiet der Alpen, wo Gesteine der untersten Kruste und des obersten Mantels bei der alpinen Gebirgsbildung an die Oberfläche gedrückt wurden. In der praktisch vollständig auf italienischem Gebiet zwischen Ascona und Ivrea auf rund 220 km^2 aufgeschlossenen Ivreazone machen gabbroide und *dioritische* Gesteine einen Grossteil aus. Es sind damit die weitaus grossflächigsten Gabbrovorkommen der Alpen.

Frische und gute Aufschlüsse in diesen Gabbros sind trotz des riesigen Verbreitungsgebietes nicht einfach zu finden – oft liegen sie in sehr steilem Gelände; zudem ist das ganze Gebiet von dichter Wald-/Buschvegetation bedeckt. Frische Gesteine können jedoch gut in Bach- und Flussläufen aufgesammelt werden.

Abb. 57j Blick in die wilden, dunklen Berge des Val Grande Nationalparks im mittleren Val d'Ossola bei Nibbio. Die Felsen bestehen aus Gabbrogesteinen des «Basischen Hauptzuges».

Abb. 57k Granulitfazieller Granat-Metagabbro aus der Ivreazone; Bachbett des Rio del'Inferno.

Abb. 57l Amphibolitfazieller Metagabbro aus der Ivreazone mit pegmatoidem Nest; Bachbett von Nibbio.

d) Ältere Gabbros in den kontinentalen kristallinen Grundgebirgen von Europa und Adria

In den Grundgebirgsteilen der Alpen, sei es vom europäischen oder sei es vom adriatischen Kontinentalrand, sind Gneise und variszische Granite die häufigsten Gesteine. Dazu kommt aber eine Vielfalt an anderen, vor-permischen Gesteinen – etwa Amphibolite, Serpentinite, Marmore – und eben auch Gabbros. Diese bilden meist kleine bis kleinste Vorkommen.

In der europäischen Kruste ist der Chastelhorn-Metagabbro der Gottharddecke eines der bekannteren Vorkommen. Erstens ist es ein vergleichsweise grosses Vorkommen, zweitens zeigt es infolge seiner mehrfachen metamorphen Überprägung interessante Mineralogien und Strukturen.

Die riesige ostalpine Silvretta-Decke, zum grössten Teil aus adriatischem Grundgebirge bestehend, weist grosse Anteile von Amphiboliten auf, zum grössten Teil *variszisch* metamorphe Basalte. Es gibt in diesen Amphibolitgebieten aber auch vereinzelte Zonen, wo noch Gabbrogefüge erkennbar sind (Abb. 57 m, n).

Abb. 57 m Berglandschaft am Piz Grialetsch GR mit charakteristischem Farbwechsel zwischen rostbraunen Paragneisen und dunklen Amphiboliten mit Metagabbros in der Silvrettadecke.

Abb. 57 n Amphibolitfazieller Metagabbro vom Piz Grialetsch.

21

Der Allalin-Gabbro im Mittelland

Ein Gestein auf eisiger Wanderschaft

«Diß gebirg hat selten so vil Summers/
daß der schnee des selbigen jars gefallê/
allenthalp moege gar abgon.»
(Johann Stumpf, Schweizer Chronik 1546)

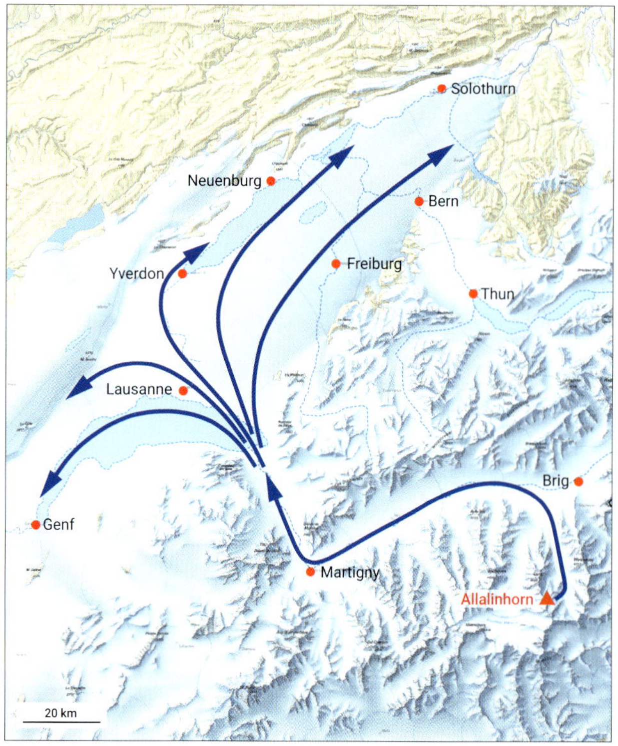

Sie wissen sicher, dass es Eiszeiten gab. Die Wissenschaft redet heute lieber von Kaltzeiten, weil ja tiefe Globaltemperaturen das Kennzeichnende war, und Vergletscherungen nur gebietsweise die Folge davon – etwa im Alpenraum, in Skandinavien, in Kanada/Nord-USA. Einige von Ihnen mögen aus der Schulzeit noch in Erinnerung haben, dass von vier Eiszeiten mit den Namen Günz – Mindel – Riss – Würm gesprochen wurde. Das ist insofern richtig, als damit die letzten vier Kaltzeiten gemeint waren. Heute wissen wir, dass es in den vergangenen 2,6 Mio. Jahren (= Quartärzeit) mindestens 15 Kaltzeiten gab. In der Schweiz hat man zudem erkannt, dass die Einteilung der letzten 4 Kaltzeiten in Günz – Mindel – Riss – Würm nicht wirklich funktioniert; denn diese basiert auf glazialen Schotterablagerungen an den vier gleichnamigen kleinen Flüssen des bayerischen Alpenvorlandes. Sie wurden in der epochalen Arbeit «Die Alpen im Eiszeitalter» der beiden deutschen Forscher A. Penck und E. Brückner im Jahr 1909 definiert und galten fortan für viele Jahrzehnte als Standard für die ganzen Alpen. Für die Schweiz werden heute fünf jüngere Haupt-Kaltphasen nach den jeweiligen Endmoränenlagen der entsprechenden Gletschervorstösse benannt: Birrfeld – Beringen – Hagenholz – Habsburg – Möhlin. Die Ausdehnung der jüngsten Eiszeitgletscher ist in Abb. 58 dargestellt.

Gletscher als Förderbänder

Gletscher sind sehr effiziente Landschaftsgestalter und «Gesteins-Förderbänder». Gesteine, welche im Nährgebiet auf oder in das Gletschereis gelangen, können mit den geologisch gesehen enorm schnellen Fliessbewegungen von einigen Zehnermetern bis vielen Kilometern pro Jahr ins Gletscher-Vorland transportiert werden (Abb. 59). Ins Bewusstsein der Forscher und der Öffentlichkeit gelangte dies durch die Expeditionen des grossen Neuenburger Gletscherforschers Louis Agassiz, der auf dem Unteraargletscher in den 1840er-Jahren unter einem Riesenfelsblock sein Lager aufschlug – das dann etwas euphemistisch «Hôtel des Neuchâtelois» getauft wurde. Er konnte Jahr für Jahr dessen «Talfahrt» um 70–80 m dokumentieren.

Mit den vorrückenden und später zurückschmelzenden Kaltzeit-Gletschern wurden auch gewaltige Mengen an glazialen Flussgeschieben ins Vorland transportiert, die wir heute im Mittelland als mächtige glazifluviatile Schotter antreffen – einer der wichtigsten mineralischen Rohstoffe der Schweiz.

Haben Sie bis hierher gelesen, werden Sie sich vielleicht fragen: Was soll denn dieser Exkurs in die Kaltzeiten – es geht doch in diesem Buch um den Allalin-Gabbro? Nun, Sie werden es doch wohl ahnen: Auf diese Weise gelangten auch Stücke von Allalin-Gabbro bis ins Mittelland, wo sie einerseits als noch mehr oder weniger kantige Findlingsblöcke zu finden sind – einige davon mit beeindruckenden Grössen bis über 10 Meter Länge (Abb. 60). Andererseits liegen sie als gut gerundete Kieselsteine in den glazifluviatilen Schottern. Man findet sie in Kiesgruben, aber auch verteilt über das Land über den Schotterfluren, als sogenannte Ackersteine (Abb. 62). Zudem gibt es sie auch als Kieselsteine an Bächen und Flüssen, vor allem in der Romandie (Abb. 61).

Abb. 58 Ausschnitt aus der wunderschönen Karte der Landesgeologie (swisstopo), welche die Schweiz während des Höchststands der letzten grossen Eiszeit (Last Glacial Maximum LGM) vor rund 20 000 Jahren zeigt. Mit Pfeilen eingetragen die Transportwege von gletschertransportierten Allalin-Gabbro-Brocken via Rohnetal bis ins Mittelland.

Abb. 59 a Grosser Granitblock auf dem Persgletscher bei Diavolezza (GR). So reisten die heute im Mittelland herumliegenden Findlinge bis zu 250 km weit ins Vorland.

Abb. 59 b Ein Block von wunderschönem Allalin-Gabbro im Jahr 2021 auf dem Hohlaubgletscher, der eben seine Reise Richtung Tal begonnen hat. Vielleicht fällt er gelegentlich auch in die Spalte und wird dann im/unter dem Gletscher weitertransportiert und dadurch teilweise abgeschliffen.

Abb. 60a Der Allalin-Gabbro-Findling im Pleerwald bei Burgdorf (Fundangaben s. Anhang).

Abb. 60b Das grösste bekannte Findlings-Ensemble aus Allalin-Gabbro, Lokalität Bonchâteau VD (Fundangaben s. Anhang). Ein magischer Ort!

Abb. 60c Der Allalin-Gabbro-Findling «Pierre Pouilleuse» zwischen Moiry und La Praz VD (Fundangaben s. Anhang).

Abb. 60d Der Allalin-Gabbro-Findling «Pierre des Gottettes» bei Romainmôtier VD (Fundangaben s. Anhang). Der bislang einzig bekannte Findling mit steinzeitlichen Ritz-Gravuren.

Abb. 60e Der Allalin-Gabbro-Findling mitten in Eriswil BE (Fundangaben s. Anhang). Dieser stammt von der grössten Vergletscherung (Möhlin, vor rund 750 000 Jahren).

Kein Leithammel, sondern ein Leitgestein

Weil der Allalin-Gabbro so einzigartig und unverkennbar ist, wissen wir von jedem Fund im Mittelland genau: Aha, dieser Brocken wanderte vom Allalinhorn hierher! Solche glazial transportierten Gesteine, die man eindeutig einem bestimmten Herkunftsgebiet zuordnen kann, werden als «Leitgesteine» bezeichnet. Zwei andere wichtige Leitgesteine der eiszeitlichen Walliser Gletscher sind der *Mont-Blanc-Granit* und der *Arolla-Gneis* – wobei das Ursprungsgebiet bei beiden ungleich grösser und damit weniger präzise zu lokalisieren ist als beim Allalin-Gabbro.

Wallis-Gletscher?

Bis vor Kurzem sprach und las man vom «Rhonegletscher», wechselte dann aber zum allgemeinen Begriff Wallis-Gletscher, weil dieser ja alle grossen Walliser Seitentäler und auch das östliche Mont-Blanc-Gebiet des Unterwallis abdeckte (Abb. 58).

Naturgemäss findet man am meisten Findlinge und Ackersteine aus der letzten Kaltzeit Birrfeld (alt: Würm). Die wunderschöne Karte der Abb. 58 zeigt den Maximalstand dieser Vergletscherung vor rund 20 000 Jahren – und damit gleichzeitig das Gebiet, in welchem letzteiszeitliche Allalin-Gabbro-Findlinge gefunden werden können. (Die Schotter können natürlich über diese Gletscherflächen hinaus abgelagert worden sein.) Sie können erkennen, dass dieses Gebiet nicht nur im Nordosten bis kurz vor Langenthal und Oensingen reichte, sondern sich über das Genferseegebiet bis weit nach Frankreich ausdehnte. Besonders eindrückliche Allalin-Gabbro-Findlinge finden sich in der Romandie in den Gegenden nördlich des Genfersees und am Jurafuss bis auf Höhen von rund 900 Metern (Abb. 60 b–d).

Trifft man auf Findlinge deutlich ausserhalb dieser letzten Vergletscherung, so müssen sie von einer früheren Kaltzeit mit grösserer Vergletscherung stammen. Dies trifft etwa auf den Allalin-Gabbro-Findling von Eriswil (BE) zu (Abb. 60 e).

Fragen stellen sich

Können wir sicher sein, dass sämtliche Allalin-Gabbro-Findlinge und Ackersteine wirklich vom Allalinhorn stammen? Könnte es nicht noch weitere Gabbrokörper gegeben haben, die jedoch unterdessen vollständig wegerodiert wurden? Doch, das könnte sein. Aber selbst dann müsste das Ursprungsgebiet in der Region Saas-Fee–Zermatt gelegen haben, weil nur dort Teile der Zermatt-Saas-Ophiolithdecke vorhanden sind, in denen ein solcher Metagabbro mit Hochdruck-Metamorphose vorkommen könnte. Wir können schliesslich von einem Glücksfall reden, dass überhaupt noch ein Stück des Gesteins am Ursprungsort zurückgeblieben ist – ob dieses am Allalinhorn eine weitere Kaltzeitvergletscherung überlebt hätte, erscheint zumindest fraglich.

Dann wäre weiter zu fragen: Wie gross könnte der Allalin-Gabbro-Körper gewesen sein? Schon eine einigermassen plausible Abschätzung der vom letzteiszeitlichen Gletscher ins Mittelland transportierten Volumina ist fast unmöglich. Es bräuchte zumindest halbquantitative Ermittlungen des Anteils an Allalin-Gabbro in den verschiedenen Schotterformationen. Wahrscheinlich überschätzt man die Menge stark, weil der Allalin-Gabbro so auffällig hervorsticht. Was sicher ist: Der unverkennbare Allalin-Gabbro ist in kaltzeitlichen Ablagerungen in einem grossen Teil des zentralen bis westlichen Mittellandes verbreitet. Er spielte dort in der Steinzeit eine grosse Rolle als Werkstoff (s. Kap. 23) und als begehrtes Sammlerobjekt (s. Kap. 25, 28).

Zwei Dinge fallen bei den Allalin-Gabbros im Mittelland auf: Es überwiegen bei Weitem die eklogitfaziellen Varietäten; grünschieferfazielle Flasergabbros werden kaum gefunden. Und bei den eklogitfaziellen Typen sind am häufigsten die ursprünglich plagioklasreichen, *leuko*gabbroiden bis fast anorthositischen Zusammen-

Abb. 61 a An der Orbe bei Les Clées VD. In solchen Flussablagerungen finden sich auch glaziale Gerölle aus dem Wallis. Am Suchen sind hier die beiden «Allalin-Gabbro-Spürhunde» Peter Thomet (links) und Michel Gratier (rechts), welche in Kapitel 25 vorgestellt werden.

Abb. 61 b Kleines Ensemble von schönen Allalin-Gabbros, die nach nur wenigen Minuten Suchen im Kalkschotter der Orbe gefunden wurden.

Abb. 62 a Ein grosser Allalin-Gabbro-Ackerstein, wie ihn die Bauern gar nicht gerne haben – und für die «Allalin-Gabbro-Ackerschnüffler» einen Leckerbissen darstellen.

Abb. 62 b Ein schöner, von Peter Thomet entdeckter Allalin-Gabbro-Kiesel auf einem Acker im Berner Seeland.

setzungen vertreten, die zum grössten Teil aus äusserst zäh-hartem grau-grünlich-bläulichem «Saussurit 2» bestehen. Dies ist mit Sicherheit ein Effekt des langen und insgesamt stark abrasiven Transportes von bis zu 250 Kilometern, bei welchem diese Varianten am besten «überlebten». Es waren denn auch diese, welche von de Saussure als «Jade Suisse», später als «Lémanite» bezeichnet und von den Steinzeitmenschen für ihre Steinbeile bevorzugt wurden (s. Kapitel 23).
Schliesslich weisen viele der Mittelland-Ackersteine mehr oder weniger starke, gelbliche bis bräunliche Verfärbungen auf, die bei den Steinen am Allalinhorn fehlen (s. Kap. 23). Dies sind Effekte von Verwitterungseinflüssen aufgrund der Jahrtausende langen Lagerung in den Schottern bzw. den Böden, bei denen zweiwertiges Eisen zu feinstkörnigen Eisenhydroxiden oxidiert wurde. Diese Verfärbungen können nur mm-dünne Verwitterungskrusten bilden oder die ganzen Steine durchdringen.

Drei Ablagerungsarten

Glazial oder glazifluviatil transportierte Allalin-Gabbros können im Mittelland aus drei verschiedenen Ablagerungen stammen: Findlinge, Moränen, Schotterfluren. Erstere sind in der Regel zweifelsfrei als solche identifizierbar. Stücke aus Moränen sind oft nicht voll gerundet und/oder weisen Kratzspuren auf. Schotterablagerungen sind besser gerundet und meist frei von Kratzspuren. Allerdings können gerade Moränenablagerungen sekundär durch Flüsse weitertransportiert worden sein und damit ihren Ursprung nicht mehr anzeigen. Dies dürfte für viele Allalin-Gabbro-Gerölle zutreffen, die in den Jurarand-Flüssen der Romandie (z. B. Areuse, Toleure) gefunden werden (Abb. 61).

22

Portfolio **Steine des Mittellandes**

Die verborgene Schönheit der Acker- und Flusssteine

Wie schon im letzten Kapitel erwähnt, lassen sich die Allalin-Gabbros des Mittellandes grob in zwei Klassen unterteilen: Findlinge sowie Acker- und Flusssteine. Von ersteren wurden in der Abb. 60 einige markante Beispiele gezeigt.
Viel häufiger können im Mittelland auf den Äckern, in Flussbetten oder in Kiesgruben gerundete Gerölle von Allalin-Gabbro gefunden werden (Abb. 63). Diese stammen durchwegs aus sogenannten glazifluviatilen Schottern. Mit diesem Begriff werden alle Schotterablagerungen zusammengefasst, welche im Zusammenhang mit Gletschervorstössen, -höchstständen und -rückzügen abgelagert werden können. Vor den weit ins Mittelland hinaus vorstossenden Gletschern bildeten sich weite Schotter- und Sandebenen (Sander), auf welchen Sand und Gerölle abgelagert wurden, welche von den Gletschern antransportiert wurden. An der Basis der Gletscher konnten mitgeführte Gerölle durch das Mitschleppen durch den Gletscher geritzte Oberflächen erhalten. Naturgemäss ist das Mittelland – nach mindestens 15 Gletschervorstössen – reich an solchen glazifluviatilen Schotterablagerungen. Liegen landwirtschaftliche Böden über solchen Schottern, werden durch die laufende Bewirtschaftung immer wieder Geröllsteine an die Oberfläche befördert, wo sie als Ackersteine aufgesammelt werden können, oder sie werden sekundär umgelagert und sind als Flusskiesel in Flussläufen zu finden (Abb. 63). Eine kleine Auswahl von solchen Acker-und Flusssteinen ist in Abb. 64 präsentiert.
Die Fotos der Abb. 65 von aufgeschnittenen und polierten Acker- und Flusssteinen stammen fast ausschliesslich aus der riesigen Sammlung von Peter Thomet (s. Kapitel 25).

Abb. 63 Wo sich Allalin-Gabbro-Gerölle neben Äckern auch finden lassen.

Abb. 63 a Ausschnitt aus der riesigen Kiesgrube zwischen Treiten und Finsterhennen im Berner Seeland. Über den mächtigen grauen glazifluviatilen Kiesen, welche auch Allalin-Gabbro-Gerölle enthalten, liegt eine bräunliche Schicht von Grundmoräne der letzten Eiszeit.

Abb. 63 b Die Orbe bei Les Clées (VD). In den Kolken und Gletschertöpfen fand Michel Gratier (s. Kap. 25) viele Allalin-Gabbro-Gerölle und sogar neolithische Steinbeile.

Abb. 63 c An der Sense bei der Schwarzwasserbrücke südlich von Bern fand der Autor neben anderen Kristallingesteinen auch einen wunderschönen Kiesel aus Allalin-Gabbro. Das Gebiet liegt ziemlich am Rand der letzteiszeitlichen Vergletscherung.

Abb. 63 d Unterwegs im Waadtländer Jura mit Peter Thomet (s. Kap. 25). Solche Kieshaufen haben natürlich eine magische Anziehung für Allalin-Gabbro-Jäger.

Abb. 64 Bei den mittelländischen Allalin-Gabbro-Sammlern (vgl. Kap. 25)

Abb. 64 a Ausschnitt aus der Kollektion von Peter Thomet, welche unterdessen viele Hunderte Stücke umfasst – alle säuberlich dokumentiert.

Abb. 64 b Im Garten von Michel Gratier. Hier eine Ansammlung von Allalin-Gabbro-Flusskieseln. Es herrschen die hellen bis dunkel blaugrauen Saussurit 2-reichen Typen vor (die «Lémanite»), welche von den Neolithikern für ihre Steinbeile bevorzugt wurden.

Abb. 64 c Kleine Kollektion von besonders schönen «Lémaniten», von Michel Gratier an den Flüssen der Romandie aufgesammelt.

Abb. 64 d Im Garten von Beat Spahni liegen viele kleinere und grössere Stücke von Allalin-Gabbro, welche er alle in den Feldern und Wäldern rund um Diessbach (BE) gesammelt hat.

Abb. 65 Angeschliffene Ackersteine aus der Sammlung von Peter Thomet. Auf eine Einzelbeschreibung wird verzichtet, diese kann unter www.rundumberge.ch/Legenden_Allalin-Gabbro eingesehen werden. Erfreuen Sie sich einfach an der Vielfalt und Ästhetik dieser Steine. Die Fotos zeigen die Stücke durchwegs in rund zweifacher Vergrösserung.

63a | 63b
63c | 63d

64a | 64b
64c | 64d

Steinzeitwerkzeuge

Die Rätsel von «Jade Suisse» und «Lémanite»

«Bis zur Aufklärung galten Steinbeile als ‹Donnerkeile›, die von Blitzen in die Erde geschleudert wurden.»
(aus «Die Pfahlbauer», Archäologischer Dienst des Kantons Bern 2013)

Am Schluss von Kapitel 21 wurde der Hinweis auf die im Mittelland überwiegenden Varietäten des Allalin-Gabbros gegeben Der lange Gletscher- und/oder Flusstransport aus den Hochalpen bis ins Mittelland war verbunden mit vielerlei Schleifen, Schlagen, Drücken und Kratzen. Dies setzte den Gesteinen natürlich arg zu. Das ergab eine Art «Transport-Selektion», bei der vor allem die härtesten und zähesten Gesteine bis ins Mittelland gelangten. Kein Wunder, finden wir kaum weiche und/oder stark schiefrige Gesteine in den glazifluviatilen Geröllen und Findlingen. Auch die am Allalinhorn häufigen, vollständig grünschieferfaziell überprägten Metagabbro-Varianten sowie die Chlorit-Aktinolith-Albit-Gneise bis -schiefer sind kaum je zu finden. Weitaus am zähesten waren die ursprünglich plagioklasreichen Varietäten (Leukogabbros bis Anorthosite), die bei der Hochdruck-Metamorphose im Wesentlichen zur dicht-harten mikroskopischen Kristallmasse der Plagioklas-Pseudomorphosen aus Zoisit, Disthen und Omphacit umgewandelt wurden, dem sogenannten «Saussurit 2».

Diese enorm zäh-harten Gerölle und Findlinge fielen schon den Geologen des 18. Jahrhunderts auf. Der grosse Genfer Alpenforscher und -geologe H. B. de Saussure (1740–1799) beschrieb sie als «Jade Suisse», später wurden sie vom Geo-/Mineralogen Jean-Claude De la Métherie (1743–1817) als «Lémanite» bezeichnet. Diese beiden Begriffe geistern seither in der Literatur herum und werden neuerdings von den Lausanner Forschern wieder aktiv verwendet – aus guten Gründen.

Sie kennen sicherlich den Begriff «Jade». Sie werden ihn wohl in Verbindung bringen mit grünen bis gelblichen halbtransparenten, fein gemusterten und oft sehr kunstvoll-filigran gearbeiteten Schmuckstücken, Figuren und Schalen aus dem ostasiatischen Raum (Abb. 66a).

Doch was ist Jade eigentlich?

Jade ist kein wissenschaftlich präzis definiertes Mineral oder Gestein, sondern ein gemmologischer Handelsbegriff. Jade ist in Ostasien seit Jahrtausenden ein hochgeschätzter Schmuckstein, dessen Preis oft höher lag als derjenige von Gold (Abb. 66a). Jade ist immer ein mikrokristallines, halbtransparentes Gemenge verschiedener Mineralien. Die beiden wichtigsten dabei sind einerseits Pyroxene aus der Mischreihe (*Diopsid-*)*Omphacit-Jadeit*, andererseits Amphibole aus der Gruppe der *Aktinolithe*. Die Pyroxen-Jade sind wertvoller, sie werden im Handel als «harter Jade», die weniger hochgeschätzten Amphibol/*Nephrit*-Typen als «weicher Jade» bezeichnet. Die Pyroxene Omphacit und Jadeit kommen ausschliesslich in hochdruck-metamorphen, basischen Gesteinen vor. Deshalb sind harte Jadesteine ausschliesslich an Zonen mit hochdruck-metamorphen Ophiolith-Serien gebunden – und da landen wir eben auch in der Zermatt-Saas-Decke und beim Allalin-Gabbro.

Die bei der Hochdruck-Metamorphose aus dem Plagioklas des magmatischen Allalin-Gabbros entstandenen, feinkristallinen Massen aus Zoisit, Omphacit und Disthen, «Saussurit 2» nach meiner Einteilung bzw. regional bekannt als «Lémanite», können mit Fug und Recht als «harter Jade» bezeichnet werden. Der Lausanner Geologieprofessor Jean-Claude Vannay und der Konservator der geologischen Abteilung des Naturhistorischen Museums von Lausanne,

Abb. 66a Eine Kleinskulptur aus Nephrit-Jade aus Ostasien.

Abb. 66b Die berühmte, rund 6000 Jahre alte «Canterbury Axe» aus Kent in Südengland, ausgestellt im British Museum in London. Sie wurde aus Piemont-Jade aus dem Gebiet des Monte Viso (I) gefertigt. Ihre Länge beträgt 22 cm.

Nicolas Meisser, untersuchen diese Gesteinsart aus glazifluviatilen Geröllen und Findlingen des Mittellandes seit einigen Jahren. Ihre bisherigen Resultate zeigen, dass ein Grossteil der «Lémanite» tatsächlich plagioklasreiche Varietäten des Allalin-Gabbros sind. Ihr Alleinstellungsmerkmal ist das stets vorhandene Mineral Disthen. Andere vergleichbare alpine Jade-Varietäten, ganz besonders jene aus der Region Piemont (Susatal und Monte Viso), enthalten gemäss ihren Erkenntnissen keinen Disthen (Abb. 66b).

Die Menschen der Jungsteinzeit

Das Mittelland war in der Jungsteinzeit (Neolithikum) vergleichsweise dicht besiedelt. Davon zeugen unter anderem die zahlreichen Pfahlbau-Siedlungen und die ungeheuren Mengen von Steinzeit-Werkzeugen. Nicht umsonst wurden die Pfahlbauten-Siedlungen rund um die Alpen im Jahre 2011 von der UNESCO zu einem Weltkulturerbe erkoren (www.unesco-pfahlbauten.org). Die Neolithiker waren echte Gesteins-Spezialisten. Sie kannten für jeden Verwendungszweck die idealen Gesteinsarten. So wurde etwa für Pfeilspitzen bevorzugt *Silex* (= Flint, Hornstein) verwendet, weil diese sich ziemlich leicht zu scharfkantigen, kleinen Objekten bearbeiten liessen. Für gröberes Werkzeug, allen voran Steinbeile, verwendeten sie weniger hart-spröde, sondern möglichst zähe Gesteinsarten. Dies sind meist solche, die aus fein- bis mikrokristallinen Verwachsungen von mittelharten bis harten Mineralien bestehen. Solche Gesteine fanden sie in grossen Mengen in den glazifluviatilen Geröllen und glazialen Findlingen, naturgemäss die meisten aus den Walliser Alpen stammend.

In diesem Gesteinsspektrum sind die feinkörnig-massigen Serpentinite weitaus am häufigsten – sie nehmen ja noch heute in der Zermatt-Saas-Decke und in anderen Einheiten der Walliser Alpen grosse Volumina ein. Dementsprechend besteht ein Grossteil der neolithischen Steinbeile aus diesem Gestein. Die massigen Walliser Serpentinit-Varietäten eigneten sich insofern sehr gut, als dass sie zwar zäh und wenig splitternd sind, gleichzeitig wegen ihrer recht geringen Härte (*Mohs Härte* 3–4) relativ einfach zu bearbeiten waren.

Die feinkörnigen Eklogite der Zermatt-Saas-Decke sind etwas weniger häufig im mittelländischen Geröllspektrum. Sie wurden – in allen Übergängen von reinen Eklogiten bis zu retrograd überprägten Grüngesteinen (*Prasiniten*) – ebenfalls für Steinbeile verwendet.

Als «Dritter im Bunde» der Zermatt-Saas-Gesteine für Steinbeile tritt dann eben der «Jade Suisse» oder «Lémanite», sprich Allalin-Gabbro, auf. So wie er unter den Ackersteinen am seltensten ist, sind auch Steinbeile aus «Lémanite» am seltensten. Vielleicht waren sie die am höchsten geschätzten, sind sie doch ungleich härter (Mohs Härte um 6) und zäher als die anderen beiden Gesteinsarten. Ich erhielt beim Durschauen einiger Steinbeilsammlungen auch den Eindruck, dass die Klingen aus «Lémanite» tendenziell auch schärfer waren als die Serptentinitklingen.

Die mühselige Herstellung von Steinbeilen

Zieht man die hohe Zähigkeit und Härte der Steinwerkzeuge aus Allalin-Gabbro bzw. «Lémanite» bzw. «Jade Suisse» in Betracht, staunt man über die handwerkliche Qualität der Steinbeil-Klingen und bekommt grossen Respekt vor dem handwerklichen Geschick und der Ausdauer der damaligen Menschen (Abb. 67a). Zuerst mussten geeignete Steine gefunden werden. Es darf angenommen werden, dass die Menschen ein sehr gutes Auge und Gespür für die Steine hatten. Dann wurden entweder durch Abschlag oder Spaltung Rohlinge hergestellt (Abb. 67b). Diese wurden dann mit sogenannten «Klopfsteinen» durch Anschlagen in die gewünschte Form gebracht (Abb. 67b und 69b–d). Im letzten Arbeitsgang wurde dann die gewünschte Klingenseite auf einem Schleifstein, wohl meistens einem Sandstein mit gut abrasiven Quarzkörnern, feingeschliffen (Abb. 67c).

Beispiel Pfahlbauerdorf Campus Biel

Um diese steinzeitliche Verwendung des Allalin-Gabbros etwas zu illustrieren, sei als Beispiel die erst jüngst erfolgte Grabung mitten in der Stadt Biel, Lokalität «Campus» (Abb. 68) kurz vorgestellt (Zitat von Delphine Schiess, Mitarbeiterin des Archäologischen Dienstes von Bern):

Abb. 68 Die im Text erwähnte, erst vor wenigen Jahren aufgetauchte Fundstelle auf der Baustelle des «Campus Biel», wo reiche Funde neolithischer Artefakte geborgen werden konnten.

«Die archäologische Siedlung Biel, Campus, mitten in der Stadt Biel gelegen, wurde 2018–2019 vom Archäologischen Dienst des Kantons Bern ausgegraben. Es wurde ein fast vollständiges Dorf entdeckt, das anhand der Pfähle der Häuser auf das Jahr 3840 v. Chr. datiert werden konnte. Das umfangreiche archäologische Fundmaterial wird derzeit ausgewertet und zeigt eine reiche und vielfältige Produktion. Beispielsweise demonstrieren Steinwerkzeuge Rohmaterialien, die aufgrund ihrer physikalischen, aber auch ästhetischen Eigenschaften ausgewählt wurden, wie Serpentinit oder Allalin-Gabbro, aus denen polierte Steinbeilklingen hergestellt wurden. Die Suche nach geeigneten Rohmaterialien hat die Bewohner der Siedlung Biel, Campus, dazu veranlasst, die umliegenden Moränen zu erforschen, aus denen die meisten Materialien stammen, aber auch über kürzere oder längere Distanzen zu handeln. Die Ergebnisse der wissenschaftlichen Studie werden in Kürze in den Heften der Berner Archäologie publiziert.»

Abb. 67a Rekonstruktion eines Pfahlbauerdorfs der Jungsteinzeit. Die Bearbeitung der Einbäume erfolgte mit Steinbeil-Äxten.

Abb. 67b Werkstücke eines Steinbeil-Handwerkers, alle aus Allalin-Gabbro. Oberste Reihe rechts ein grosser Zuschlag-Stein und links davon ein, zwei kleine «Chopper» zur Feinbearbeitung der Steine. In der mittleren Reihe v.l.n.r. ein Rohling, nochmals ein Chopper und ein abgebrochenes Beilstück. Unten fertige Steinbeile.

Abb. 67c Auf solchen Steinen aus leicht bearbeitbarem Molasse-Sandstein wurden die Steinbeile feingeschliffen – die im Sandstein eingelagerten Quarzkörner sind härter als auch die dichtesten Allalin-Gabbro-Stücke.

Neben den glazifluviatilen Geröllsteinen, die offensichtlich grösstenteils für die Herstellung von Steinbeilen verwendet wurden, kommen auch die Findlinge grundsätzlich als Rohstofflieferanten infrage. Ein Beispiel ist der in Abb. 60c gezeigte «Pierre Pouilleuse» südlich von Romanimôtier (VD) oder der «Pierre de Bonchâteau bei l'Abergement (VD).

Eine abenteuerliche Hypothese?

Verschiedene Jadearten wurden seit Längerem aus den italienischen Westalpen und Ligurien beschrieben. Sie stammen ebenfalls aus hochmetamorphen Ophiolith-Gesteinen, vor allem aus dem Susatal, dem Monte-Viso-Gebiet und den Ligurischen Alpen. Die Jade der Susa-Viso-Region sind aussergewöhnliche, sehr homogene Gesteine, die nicht von Leukogabbros stammen, sondern aus Reaktionsgesteinen zwischen Serpentiniten und Metabasalten. Sie wurden nachgewiesenermassen im grossen Stil von den Neolithikern abgebaut und zu Steinbeilen verarbeitet.

Jade-Steinbeile sind aus zahlreichen neolithischen Funden in ganz Mitteleuropa bekannt, bis nach England und Irland. In all diesen Gebieten gibt es jedoch keine Jade-Vorkommen. Dass schon in der Jungsteinzeit Werkstoffe über sehr grosse Distanzen gehandelt wurden, ist heute bekannt. Man könnte von einer Art «frühen Globalisierung» sprechen. Französische und italienische Forscher gehen davon aus, dass praktisch alle diese europäischen Jade-Steinbeile aus den Piemont/Ligurien-Vorkommen stammen und über die Alpen hinweg nach Mitteleuropa transportiert wurden (Abb. 66b). Führend dabei ist der renommierte französische Archäologe Pierre Petrequin.

Könnten vielleicht aber auch «Lémanite» bzw. «Jade Suisse», also Allalin-Gabbro-Steine, aus dem Mittelland bei diesem Steinbeil-Handel eine Rolle gespielt haben, indem ein Teil der Jade-Steinbeile Europas vom schweizerischen Mittelland bzw. ursprünglich vom Allalinhorn stammen? Gemäss den Lausanner Forschern sollte eine Unterscheidung der beiden Jadetypen grundsätzlich einfach sein: Die Piemont-Jade enthalten keinen Disthen, diejenigen vom Allalin-Gabbro immer. Es ist zu hoffen, dass die weiteren Forschungen bald mehr Klarheit bringen werden.

Portfolio **Der Allalin-Gabbro in der Steinzeit**

Steinbeile aus Allalin-Gabbro

Aus Allalin-Gabbro bzw. «Lémanite»/«Jade Suisse» wurden praktisch ausschliesslich Steinbeile hergestellt. Für andere Werkstücke waren andere Gesteinsarten besser geeignet. Die hier gezeigten Stücke bestehen alle aus Allalin-Gabbro und stammen mit einer Ausnahme aus den Museen von Biel und Lausanne sowie aus der Sammlung des archäologischen Dienstes von Bern.
Die Grösse (Länge) der Objekte liegt zwischen 5 und 10 cm.

Abb. 69 a Rohling aus dichtem «Saussurit 2» bzw. «Lémanite». Beim genauen Hinschauen kann ein kleines bisschen «verräterischer» hellgrüner Cr-Omphacit und etwas rosa Granat erkannt werden.

Abb. 69 b Ein kleiner, offensichtlich viel benutzter «Chopper».

Abb. 69 c Wie 69 b

Abb. 69 d Grösserer «Chopper» und fertiges Steinbeil.

Abb. 69 e Rohling mit Sägespuren auf der rechten Seite. Es wird vermutet, dass Stücke mit Schnüren und Quarzsand gesägt wurden – eine ganz ähnliche Technik, mit der heute noch Steinblöcke aus Steinbrüchen losgesägt werden (allerdings mit diamantbesetzten Stahlseilen).

Abb. 69 f Dreiergruppe von Steinbeilen unterschiedlicher Machart.

Abb. 69 g Ein besonders schönes, vergleichsweise grösseres Stück aus troktolithischem Eklogit-Gabbro.

Abb. 69 h Wie 69 g

Abb. 69 i Besonders fein gearbeitetes Stück aus sehr dichtem troktolithischem «Lémanite» (Saussurit 2 bzw. eklogitfazieller Leuko-Troktolith), mit erstaunlich scharfer Schneide.

Abb. 69 j Wie 69 i

Abb. 69 k Wie 69i und j, aber mit der für Mittellandgesteine recht häufigen orangegelben sekundären Verwitterungsfarbe.

Abb. 69 l Wie 69 k.

69 a | 69
69 c | 69

69e | 69
69g | 69

69i | 69
69k | 69

25

Die Liebhaber

Die ungebrochene Faszination für das schönste Gestein der Welt und der «Fanclub» des Allalin-Gabbro

Seit eh und je fasziniert der Allalin-Gabbro auch Nicht-Geologen. Es gibt heute mehr denn je eine Art «Fanclub» von Menschen, welche dem Gestein in der einen oder anderen Form «verfallen» sind.

Es gibt die «Geologie-Fans», die von der Vielfalt der Gesteinswelt ganz allgemein fasziniert sind, und so auch dem Allalin-Gabbro zugetan sind. Stellvertretend für diese «Spezies» möge Beat Kästli aus Bern erwähnt werden. Er hat es sich zum Sport gemacht, eine Sammlung der 134 Schweizer Gesteinsarten anzulegen, welche in meinem Buch «Gesteine der Schweiz – der Feldführer» beschrieben sind. Er hat dieses Vorhaben 2022 abgeschlossen – fast wie die Bergsteiger, die alle 4000er sammeln ...

Weiter gibt es diejenigen Fans, welche den von den Eiszeitgletschern ins Mittelland gebrachten Findlingen und glazifluviatilen Geröllen – oft zu finden als Ackersteine – nachspüren.

Peter Thomet – der begeisterte Netzwerker

Hier betritt als Erster, quasi als eine Art «King of the Mittelland rocks», Peter Thomet aus Ins die Bühne (Abb. 70a). Der pensionierte Agronom ist seit eh und je mit seiner Heimatregion, dem Berner Seeland, stark verbunden. Nach seiner Pensionierung begann er sich für die eiszeitliche Formung dieser Landschaft zu interessieren, und in diesem Zusammenhang für die Findlinge. Er erkannte die schöne Vielfalt an Gesteinen, welche die Walliser Gletscher während den Kaltzeitperioden ins Mittelland transportiert hatten, am häufigsten auffindbar diejenigen der letzten Kaltzeit (vgl. Kapitel 21). Darunter finden sich auch die typischen Gesteinsarten aus der Zermatt-Saas-Decke: Serpentinite, Eklogite und, eben, Allalin-Gabbro. Er realisierte bald, dass die Gesteine noch häufiger denn als Findling als gerundete Kieselgerölle auf den Äckern und in Kiesgruben zu finden sind, transportiert von den Gletscherflüssen. Unter diesen Ackersteinen fand er, mit zunehmendem Staunen, einen unglaublichen Reichtum an Allalin-Gabbro-Varietäten (s. Kap. 22), und erkannte auch, dass diese eben auch von den Steinzeitmenschen für ihre Steinbeile einen wertvollen Rohstoff darstellten (Abb. 70b und Kapitel 23). Als gewiefter Netzwerker und unermüdlicher «Macher» wollte er dieses faszinierende Gesteinserbe aus dem Wallis und die Landschaftsgeschichte des Dreiseenlands in der dortigen Bevölkerung besser bekannt machen. So gründete er 2021 den Verein «Landschaftserbe Dreiseenland» (landschaftserbe-dsl.ch, s. Kapitel 26). Er begann Referate und Exkursionen zu organisieren, interdisziplinär Fachleute zusammenzubringen und Projekte anzustossen. Unter anderem initiierte er den schönen Findlingsgarten beim Bahnhof Ins oder die Herstellung von attraktiven Farbbroschüren. Unterdessen hat Peter Thomet eine einzigartige Sammlung von Ackersteinen aus Allalin-Gabbro in gesägter/polierter Form angelegt – einige Beispiele davon sind im Portfolio des Kapitel 22 zu bewundern.

Michel Gratier – der stille Sammler und Kenner

In der Romandie gibt es eine Art Pendant zu Peter Thomet: Michel Gratier, Unruheständler aus Bercher (VD) (Abb. 70c). Er sammelt seit vielen Jahren Allalin-Gabbro-Gerölle im welschen Mittelland, jedoch fast ausschliesslich in den Flüssen. Besonders oft wurde er an der Orbe, Aubonne und Areuse fündig. Er fand dort, wie Peter Thomet auf den Äckern, auch das eine oder andere Steinbeil. Anlässlich einer gemeinsamen Exkursion im Bachbett der Orbe im

November 2022 fanden wir in nur einer Stunde mindestens zwei Dutzend Allalin-Gabbro-Stücke!

Michel Gratier hat sich im Verlauf der Jahre ein grosses Wissen in Geologie angeeignet und hat mit den Fachleuten der Romandie (Geologie, Archäologie) gute Kontakte. Seine grosse Sammlung an Allalin-Gabbro-Geröllen ist beeindruckend – ein Grossteil davon liegt rund um seine Hausmauer unter den Vordächern, neben anderen schönen Gesteinsarten. Er bearbeitet die Steine aber auch selbst in seiner kleinen Steinwerkstatt, stellt kleine Gegenstände und Skulpturen daraus her (Abb. 75l).

Alfred Burkhard – auch ein Basler mit von der Partie!

Sozusagen als «Dritter im Bunde» soll Alfred Burkhard aus Basel vorgestellt werden – ebenfalls ein pensionierter «Allaliniker» (Abb. 70 d). Es sammelt seit Jahren besondere Kieselsteine an den Ufern des Rheins bei Basel. Darunter finden sich auch Allalin-Gabbros. Er schleift und poliert diese von Hand. Die Kiesel stammen entweder vom grössten eiszeitlichen Vorstoss vor rund 350 000 Jahren, als die Gletscherfront bei Möhlin nur 20 Kilometer östlich von Basel lag (deshalb Möhlin-Kaltzeit), oder es sind von der Aare herantransportierte Steine aus den Ablagerungen des Mittellands. Er konnte sogar weiter nördlich am Rheinufer, bis in die Gegend von Freiburg im Breisgau, Allalin-Gabbro-Gerölle finden.

Abb. 70 a Peter Thomet aus Ins (BE).

Abb. 70 b Eines der Steinbeile, welches Peter Thomet auf seinen Acker-Streifzügen im Seeland gefunden hat.

… und weitere

Im Verlaufe der letzten wenigen Jahre habe ich im Zusammenhang mit der Arbeit an diesem Buch und durch das Netzwerken von Peter Thomet eine erstaunliche Zahl von weiteren «Allalin-Gabbro-Fans» getroffen. Es gibt sicherlich noch mehr, denen ich wohl in nächster Zeit auch noch begegnen werde, und die «Fangemeinde» in der Romandie habe ich noch kaum abgedeckt. Dort hat sich offenbar in den letzten Jahren eine teilweise ziemlich rücksichtslos ausufernde Sammlerei von Flusssteinen in den vielen kleineren Flüsschen am Jura-Südfuss entwickelt.

Stellvertretend soll hier einzig noch Beat Spahni aus Diessbach (BE) vorgestellt werden (Abb. 70 e). Er streift seit vielen Jahren auf ausgedehnten Spaziergängen durch die nähere und weitere Umgebung seines Wohnorts und hat im Laufe der Zeit ein unglaublich scharfes Auge für den Allalin-Gabbro entwickelt. So kamen unterdessen viele Hunderte kleine bis grössere Stücke zusammen

(Abb. 64 d).

Die Strahlkraft des Gesteins reicht auch bis ins Ausland, sogar aus Deutschland und Österreich sind mir Liebhaber des Gesteins bekannt geworden!

Einige Sammler, welche Allalin-Gabbros bearbeiten, werden auch noch in Anhang H aufgeführt.

Möge dieses Buch dazu beitragen, den Kreis der «Allalin-Gabbro-Enthusiasten zu vergrössern – im Besonderen auch in seiner Heimat bei Saas-Fee.

Abb. 70 c Michel Gratier aus Bercher (VD).

Abb. 70 d Alfred Burkhard aus Basel.

Abb. 70 e Beat Spahni aus Diessbach (BE).

Das Wallis im Mittelland

Der Verein «Landschaftserbe Dreiseenland» und der Allalin-Gabbro

Peter Thomet wurde schon im Kapitel 25 vorgestellt. Da er nicht nur ein begeisterter Amateur-Forscher und Gesteinsfan, sondern auch ein begnadeter Netzwerker und Visionär ist, hat er darauf hingewirkt, seine Anliegen der Sensibilisierung für die Geologie, Landschaftsgeschichte, Geschichte und Kultur der Dreiseen-Landschaft auf breitere Beine zu stellen. So initiierte er die Gründung eines Vereins, die im Herbst 2021 in Ins unter dem Namen «Landschaftserbe Drei-Seen-Land» (LED) mit grosser Beteiligung erfolgte. Peter Thomet versteht es, Menschen quer durch alle Fachgebiete anzusprechen, ihr Interesse zu wecken und sie miteinander zu vernetzen.
Die Webseite des Vereins, landschaftserbe-dsl.ch, präsentiert den Verein so:

Abb. 71 a Der Gründer des Vereins «Landschaftserbe Dreiseenland», Peter Thomet, vor einem prächtigen Allalin-Gabbro-Findling im von ihm initiierten Findlingsgarten von Ins.

> *«Ziel des Vereins ist es, das Wissen über die Entstehung und Entwicklung der Landschaft rund ums Drei-Seen-Land zu erforschen, anzureichern, zu erweitern und weiterzugeben. Angefangen hat es mit wunderschönen Steinen, verteilt auf Äckern in über 463 politischen Gemeinden und 805 Ortschaften im westlichen Mittelland. Diese Steine – Allalin-Gabbros und Serpentinite – sind die landschaftsprägende Hinterlassenschaft des Wallis-Gletschers und erzählen die Geschichte des letzteiszeitlichen Gletschervorstosses vor 20 000 Jahren. Wir sammeln und dokumentieren dieses Gesteinserbe und vertiefen das Wissen über die Geschichte unserer Landschaft».*

Angeknüpft an dieses geologisch-geomorphologische Themen sind jedoch auch kulturhistorische Anliegen: «Wir entdecken und vernetzen das Wissen über unsere Vergangenheit, ordnen ein und sensibilisieren für die Zukunft». Seit seiner Gründung hat der Verein vielfältige und beachtliche Aktivitäten entwickelt: Exkursionen, Führungen, Vorträge, Fachtreffen und Angebote für Schulen.

Sozusagen das «Flaggschiff» des glazialen Gesteinserbes aus dem Wallis ist der Allalin-Gabbro. Eine schöne Broschüre darüber bildete den Anfang einer geplanten Reihe von weiteren Publikationen für die interessierte Öffentlichkeit. Auch das vorliegende Buch trägt seinen Teil zu den Zielen des Vereins bei.

Der Verein ist auch daran, die Verbindung mit dem Wallis, vorab der Region Saas-Fee, herzustellen, weil ja ein guter Teil des Gesteinserbes aus dieser Region stammt. Und eine Öffnung in die Romandie, verbunden mit der Gründung einer welschen Sektion, ist zur Zeit der Textverfassung für dieses Buch ebenfalls unterwegs.

Abb. 71 b Ein sehr schöner Allalin-Gabbro-Findling bei Ins blickt sozusagen zurück über das Mittelland gegen die Alpen, wo er einst, vor rund 20 000 Jahren, mit dem Gletscher auf einer langen Reise hertransportiert wurde.

Abb. 71 c Und hier ein «später Nachfahre» des Blocks von 71 b, der im Jahr 2021 seine Gletscherreise Richtung Tal angetreten hat. Er wird es allerdings nicht bis ins Mittelland schaffen …

Schönstes Gestein der Welt?

Eine weltweite Spurensuche

«Spieglein, Spieglein an der Wand, wer ist die Schönste im ganzen Land?»
(aus «Schneewittchen» der Gebrüder Grimm)

Lassen Sie mich auf die im Titel dieses Buches und im Vorwort angerissene Anmutung des «schönsten Gesteins der Welt» zurückkommen, und zwar in zwei Schritten.

Erstens: Gibt es keine vergleichbaren Metagabbros in den Alpen oder in anderen Gebirgen? Doch, die gibt es – aber sie erreichen gleichwohl nicht dieselbe farblich-strukturelle Vielfalt wie der Allalin-Gabbro. Die Ophiolith-Decke von Zermatt-Saas setzt sich über das Aostatal in die italienisch-französischen Westalpen fort, ja, nimmt dort wesentlich grössere Gebiete ein als im schweizerischen Teil. Der stolzeste Berg der Westalpen südlich des Mont Blanc ist der Monte Viso (3841 m) westlich von Turin, eine mächtige, weitherum isoliert und aus der Ferne markant sichtbare Felspyramide. Er wird im Wesentlichen aus ähnlichem Metagabbro aufgebaut wie das Allalinhorn und hat ebenfalls eine eklogitfazielle Hochdruck-Metamorphose erlebt. So finden sich dort ähnlich schöne Varietäten wie am Allalinhorn (Abb. 72a). Es fehlen aber die grossen primären Variationen, die zu so unterschiedlichen Varianten wie im Allalin-Gabbro führten, und es fehlen auch die Adern mit Hochdruck-Mineralien und ein Corona-Stadium. Ein zweites grösseres Vorkommen findet sich am Rocciavrè-Massiv (2778 m) zwischen Susa- und Chisonetal (Abb. 72b).

Abb. 72 Mit dem Allalin-Gabbro verwandte Metagabbros der Alpen

Abb. 72a Eklogitfazieller Metagabbro vom Monte Viso

Abb. 72b Eklogitfazieller Metagabbro vom Rocciavrè-Massiv, Geröll aus dem Fluss Sangone

Abb. 72c Eklogitfazieller Metagabbro aus den Ligurischen Alpen, Geröll aus dem Fluss Gorzente

Abb. 72d Der «Vert d'Orezza» aus Korsika (S. Text S. 205).

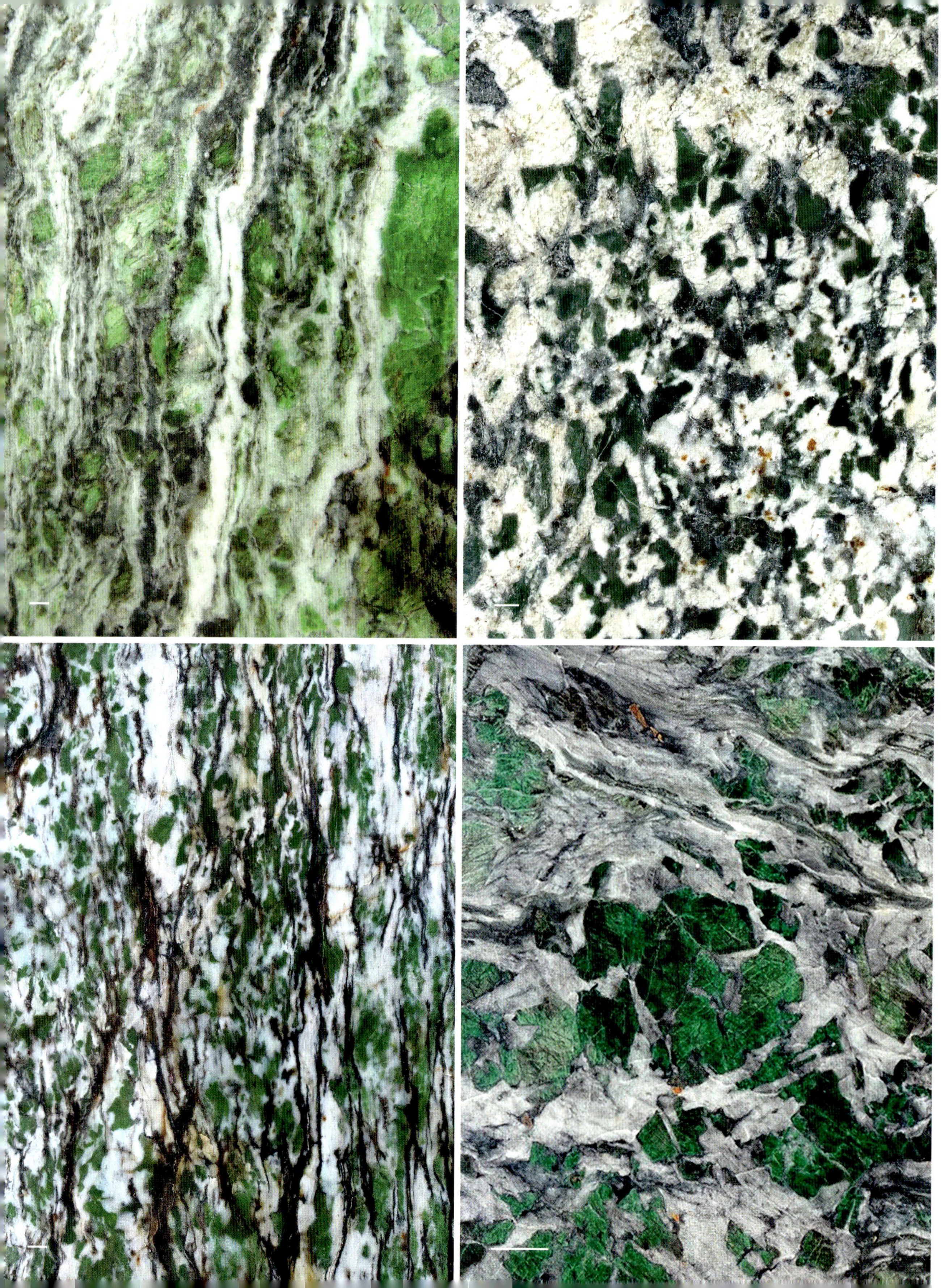

72a | 72b
72c | 72d

Nördlich von Genua verläuft in der sogenannten Sestri-Voltaggio-Zone die Grenze zwischen den Alpen und dem Apennin. An dieser geotektonisch bedeutsamen Grenze ändert sich unter anderem die Subduktionsrichtung der abtauchenden Platten. Unmittelbar westlich dieser Zone liegt ein Gebiet aus Decken, welche aus der Fortsetzung des Piemont-Ozeans gegen SW stammen und «Ligurischer Ozean» genannt werden. Dort kommen in der sogenannten Voltriggruppe grosse Massen von Ophiolithen vor, vorab viele Serpentinite, Metabasalte und Metasedimente, und dazu – ganz ähnlich wie in der Zermatt-Saas-Decke – auch mehr oder weniger grosse Metagabbro-Körper (u. a. am Monte Beigua). Diese wurden auch in Eklogitfazies metamorphosiert, bei etwas geringeren Temperaturen und Drucken als der Allalin-Gabbro. Auch dort sind sehr schöne Varietäten zu finden, die dem Allalin-Gabbro durchaus nahekommen (Abb. 72c).

Korsika ist ein Stück Alpen, das in einer Spätphase der alpinen Gebirgsbildung vor rund 35 Mio. Jahren begann, sich infolge einer sich neu bildenden ozeanischen Spreizungszone von den alpinen Ketten abzuspalten und ins Tyrrhenische Meer abzuwandern – sozusagen ein Stück Alpen auf Mittelmeer-Urlaub. Auf Nordkorsika finden sich auch Decken mit Teilen von ozeanischer Kruste des piemont-ligurischen Ozeanbeckens, die ebenfalls eine Hochdruck-Metamorphose durchgemacht haben. Man findet darin kleinere Gabbro-Vorkommen, die ebenfalls von grosser Schönheit sind, jedoch, wie diejenigen der Westalpen, nicht an die Vielfalt des Allalin-Gabbros heranreichen. Einer der korsischen hochdruck-metamorphen Gabbros hat es zu einiger Berühmtheit gebracht: der «Vert d'Orezza» aus der Castagniccia in NE-Korsika (Abb 72d). Er wurde von den Medici in Florenz als Boden- und Wandplatten in verschiedenenen Gebäuden eingebaut, etwa im Mausoleum der Medici und in verschiedenen Kapellen. Auch nach Frankreich wurde das Gestein exportiert.

Weiter gibt es auf einigen griechischen Inseln der Ägäis Ophiolithe mit Hochdruck-Metamorphose und entsprechende Metagabbros – für die aber dasselbe gilt wie für die oben erwähnten Vorkommen.

Der Geologe Prof. Kurt Bucher (s. Kap. 17) ist hochdruck-metamorphen Gesteinen auf der ganzen Welt nachgegangen und kennt einen guten Teil der Forschergemeinde, die sich mit derartigen Gesteinen befasst. Er hat mir bestätigt, dass er einem dem Allalin-Gabbro ebenbürtigen Gestein bisher nicht begegnet ist. Bei den Metagabbros scheint also der Allalin-Gabbro das Feld in Sachen Vielfalt und Schönheit anzuführen!

Zweitens: Wie ist es denn mit anderen Gesteinsarten? Es gibt zweifelllos sowohl in den Alpen als auch weltweit eine Vielzahl von gleichzeitig ausserordentlich schönen und wissenschaftlich interessanten Gesteinen. Ich könnte hier locker ein paar Dutzend Beispiele anführen – in den Abb. 73 und 74 ist eine höchst subjektive Auswahl abgebildet. Lassen Sie sich von dieser kleinen «Tour d'Horizon» durch die bunte Welt der Gesteine von den Farben und Strukturen beeindrucken!

So schön diese Gesteine auch alle sind, sie erreichen vor allem in einem Punkt den Allalin-Gabbro nicht, nämlich in der strukturellen, farblichen und mineralogischen Vielfalt ihrer Erscheinungsformen – dem Gesteins-Chamäleon innerhalb ein und derselben Gesteinsart. Sie kommen in aller Regel mehr oder weniger in einer einzigen, ganz bestimmten Ausprägung vor.

Also, trotz der unbestreitbaren Subjektivität eines Attributs wie «schönstes Gestein der Welt» gibt es objektiv gute Gründe, den Allalin-Gabbro damit zu würdigen. Solange jedenfalls, als dass kein «Gesteins-Schneewittchen» erscheint und ihm den Rang streitig macht ...

Abb. 73 Subjektive Auswahl von acht schönen Gesteinen der Schweiz.

Aus Gründen der Ästhetik wird auf Masslinien verzichtet. Versuchen Sie selbst, sich eine Vorstellung von den Grössendimensionen zu machen. Genauere Angaben dazu finden Sie auf der Website des Autors: rundumberge.ch.

Abb. 73a Der berühmte Disthen-Staurolith-Paragonit-Schiefer von der Alpe Sponda hoch über der Leventina (TI).

Abb. 73b Der ebenso berühmte und den Geologen immer noch Kopfzerbrechen bereitende Granat-Peridotit von der Alpe Arami hoch über Bellinzona (TI).

Abb. 73c Der im 19. Jahrhundert bei Grindelwald abgebaute und für Kaminsimse und Kommodenplatten beliebte Grindelwald-Rosenlaui-Marmor.

Abb. 73d Die «Macchia Vecchia»-Brekzien von Arzo, bis in die 1970er-Jahre abgebaut und in fast allen Kirchen und repräsentativen Bauten des Tessins und der Lombardei verwendet.

Abb. 73e Granat-Hornblende-Garbenschiefer aus der Tremola-Serie der Gotthard-decke.

Abb. 73f Der Marmor von Saillon im Unterwallis, wo dieses Gestein früher abgebaut und hochgeschätzter, vor allem auch nach Frankreich exportierter Zierstein für Innenanwendungen war. Hier ein Ausschnitt aus einem Fenstersims in der Wandelhalle des Bundeshauses in Bern, mit Spuren von jahrzehntelanger Verwendung durch Parlamentarier als Ablagefläche.

Abb. 73g Der «Castione Nero» von Castione bei Bellinzona TI – ein hoch metamorphes Mergelgestein. Das Gestein wurde bis in die 1980er-Jahre abgebaut und ist an vielen Skulpturen, Fassaden, Bodenplatten und Innenverkleidungen in ganz Europa anzutreffen.

Abb. 73h Ausschnitt aus der Sockelpartie der grossen Rütlischwur-Skulptur im Bundeshaus, mit verschiedenen bunten Kalksteinen der Schweiz. Im Bundeshaus wurden bewusst die meisten der damals bekannten und dekorativen schweizerischen Nutzgesteine verwendet – eine geologische Führung dort ist ein besonderes Erlebnis.

Abb. 74 Acht schöne und spektakuläre Gesteine aus der weiten Welt.

Aus Gründen der Ästhetik wird auf Masslinien verzichtet. Versuchen Sie selbst, sich eine Vorstellung von den Grössendimensionen zu machen. Genauere Angaben dazu finden Sie auf der Website des Autors: rundumberge.ch.

Abb. 74a Der berühmteste, weil wohl schönste Eklogit der Welt, aus Verpeneset an der Atlantikküste nördlich von Bergen in Norwegen.

Abb. 74b Kugelgranit aus dem varisizischen Grundgebirge von Korsika.

Abb. 74c Ein Granitpegmatit mit einer eigenartig gesetzmässigen Verwachsung von Quarz (dunkel) in einem grossen Kalifeldspatkristall (hell). Getauft wurde diese Gesteinsart «Schriftgranit».

Abb. 74d Gabbroartiges, mehrfach metamorphes Granulitgestein aus Norwegen, mit braunem Orthopyroxen und rotem Granat.

Abb. 74e Gebändertes Achat-Amethyst-Gestein aus einer basaltischen Vulkanit-Abfolge der Vogesen (F).

Abb. 74f Sogenannte «Banded Iron Formation» (BIF). Das sind uralte, präkambrische, eisenreiche Sedimentgesteine, welche mit der sogenannten «Sauerstoffkrise» in der Erdgeschichte in Verbindung gebracht werden.

Abb. 74g Sogenannter «Larvikit» aus der Osloregion von Norwegen, ein grobkörniger Plutonit, der fast ausschliesslich aus einem wegen submikroskopischen Lamellen in Spektralfarben schillerndem Alkalifeldspat besteht. Ein sehr weit verbreiteter Naturstein, besonders beliebt für Grabsteine.

Abb. 74h Ein mit 74g verwandtes Gestein, ein «Quarz-Alkalifeldspatsyenit», das zu einem grossen Teil aus Kalifeldspat besteht, der durch hydrothermale Umwandlung rostbraunrot gefärbt ist.

73a | 73
73c | 73

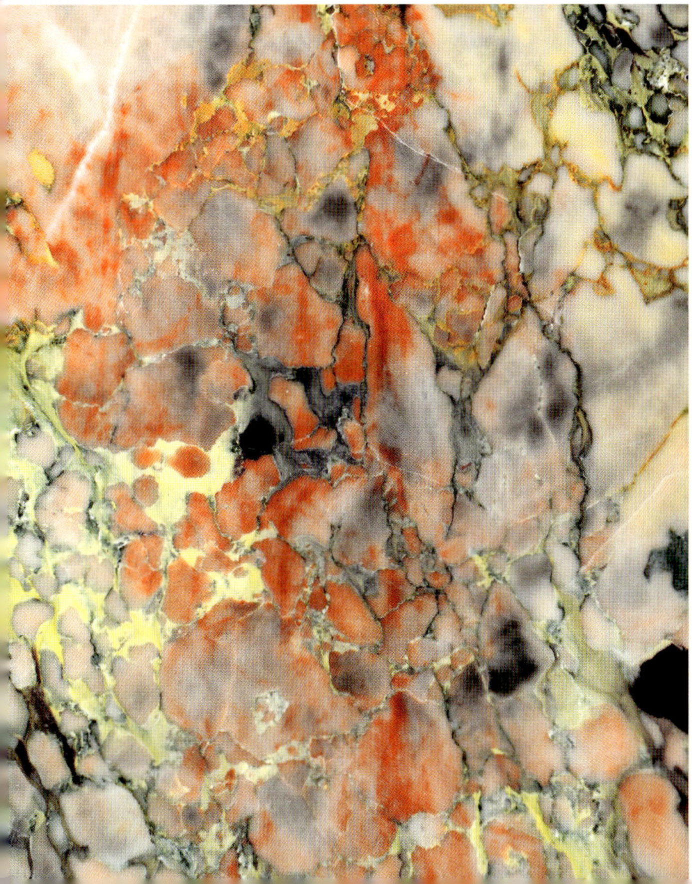

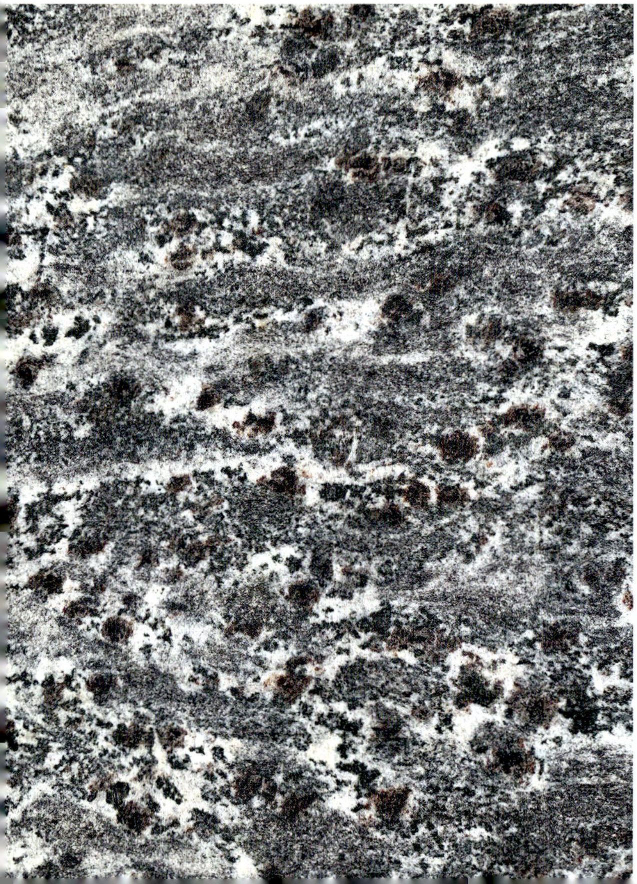

73e	73
73g	73

74a	74
74c	74

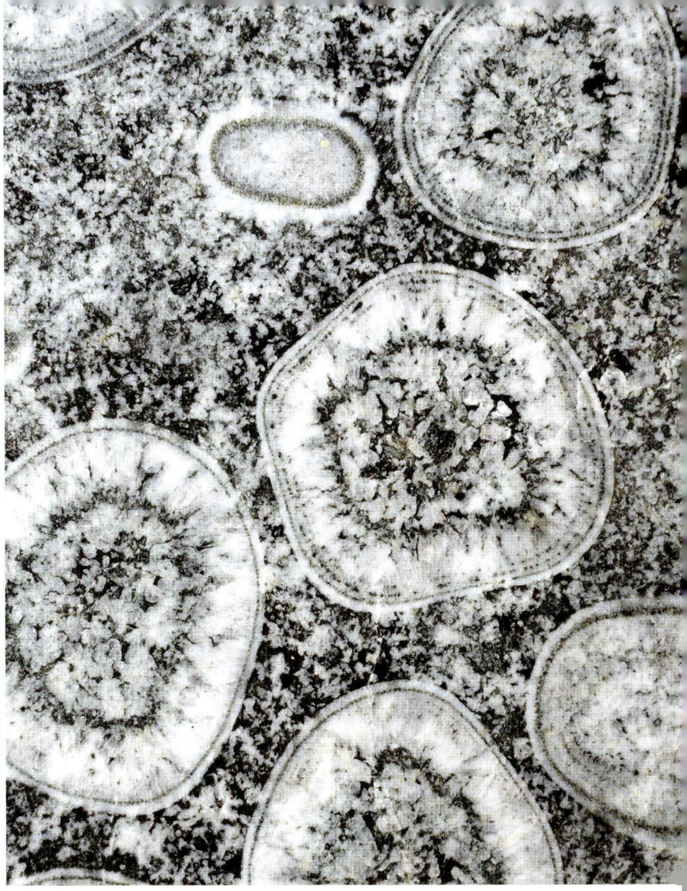

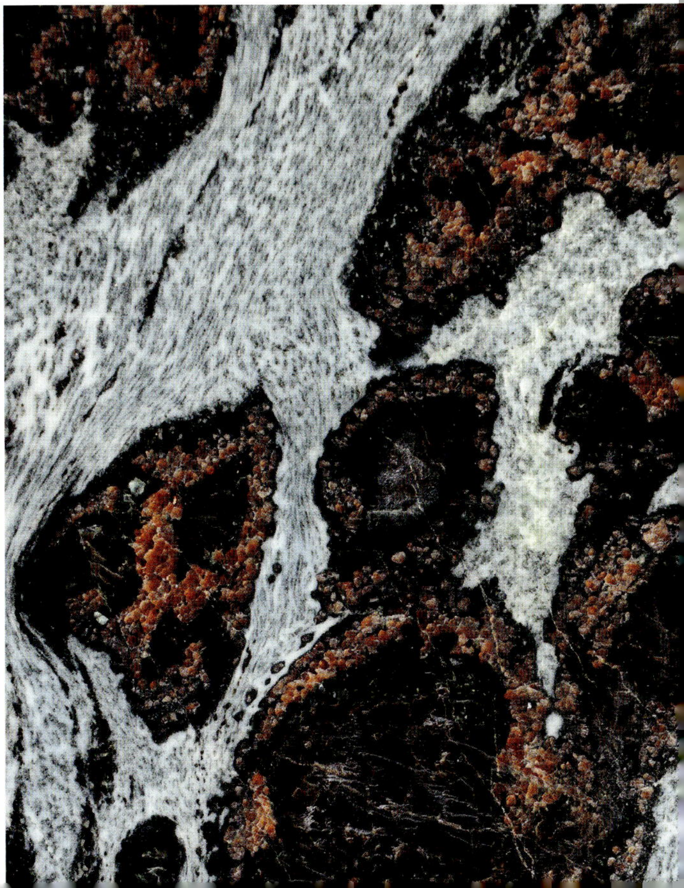

74e

74g

Portfolio **Der Allalin-Gabbro als Schmuckstein**

Beliebt für Objekte aller Art

Der Allalin-Gabbro ist wegen seiner farblichen Attraktivität und gleichzeitigen Härte/Zähigkeit auch als Schmuck- und Dekorationsgestein beliebt. Im Vordergrund stehen dabei in erster Linie die Varianten mit dem grasgrünen Chrom-Omphacit (= «Smaragdit») oder die bläulichen, mit dem hell-lila Glaukophan. Gemieden werden die an sich hoch attraktiven Varianten mit den talkreichen Olivin-Pseudomorphosen, weil der Talk als weichstes Mineral neben den anderen harten Mineralien kaum schleifbar ist und zu unschönen Löchern führt.
Was gibt es nicht alles aus dem «Saussurit-Smaragdit»-Gestein! Polierte Würfel, Kugeln, Schälchen und Schalen, Aschenbecher, Handschmeichler, Anhänger, Halsketten, Ringe, Ohrstecker, Herzsteine, Taschenmesser-Fassungen (Abb. 75). So exotische Dinge wie ein Parfumflacon oder ein Elefant sind mir ebenfalls schon begegnet. Aber auch kunstvolle und teilweise sehr schöne, abstrakte Skulpturen werden von einigen Bearbeitern hergestellt. Im Anhang 3 ist eine Liste der mir derzeit bekannten Menschen bzw. Firmen aufgeführt, welche bearbeitete Allalin-Gabbros anbieten.
Heutzutage, in diesen unsicheren Zeiten, boomt ja die esoterische Heilsteinbranche ganz gewaltig. Die Menge an unsäglichem Unsinn, welcher verschiedenen Mineralien und Gesteinen an sogenannter Heilwirkung zugeschrieben wird, ist ein trauriges Kapitel der heute fast schon Mainstream gewordenen Wissenschaftsskepsis. Auch der Allalin-Gabbro wird davon nicht verschont. Auf einer der vielen Heilstein-Webseiten fand sich eine ellenlange Liste von körperlichen und seelischen Leiden, bei denen das Gestein Abhilfe leisten soll, gipfelnd in folgender Aussage:

> *«Der Allalin-Gabbro ist der Stein der Zeit. Heute befindet sich die Menschheit in einer Metamorphose. Keiner weiss, welches ‹Kind› aus dieser Wandlung erwächst. Allalin-Gabbro, in Tiefen bis zu 80 km zusammengequetscht, bildet eine Mixtur von Mineralien, die in der heutigen, schnelllebigen Zeit zu mehr Transparenz verhelfen, aus festgefahrenen Lebenssituationen ausbrechen und neue Wege einschlagen lassen. Der Stein für das Jetzt im Jetzt und aus dem Jetzt».*

Na dann, auf zu neuen Wegen mit dem Allalin-Gabbro! Bla bla.
Die vielleicht schrägste und exotischste Verwendung von Allalin-Gabbro ist mir letztes Jahr in Saas-Fee begegnet, beim Saaser Fabian Zurbriggen. Dessen Vater, ein Handwerker, fand Gefallen am Allalin-Gabbro, sammelte viele schöne Brocken und sägte und schliff daraus Platten in Dezimeter-Dimensionen. Mit diesen gestaltete er Böden in seinem Haus, aber auch in der kleinen Kapelle von Furggstalden oberhalb von Saas Almagell, wo selbst das Weihwasserbecken und Aussenverkleidungen aus Allalin-Gabbro-Platten gefertigt sind (Abb. 75i). Fabian renovierte jüngst zwei Wohnungen im schönen elterlichen Haus, und auch dort kamen solche Platten zum Einsatz (Abb. 75j). Wenn das nicht höchste Wertschätzung ist!
Geniessen Sie einfach die Fotos der verschiedenen Objekte auf den folgenden Seiten!

Abb. 75a Anhänger aus zwei verschiedenen eklogitfaziellen Varietäten des Allalin-Gabbros.

Abb. 75b «Handschmeichler», beide aus eklogitfaziellen Allain-Gabbros. Die grünen sind die typischen, bekannten Vertreter des Gesteins, ehemalige Olivingabbros; die blauen sind ehemalige Troktolithe, mit Olivin-Pseudomorphosen aus lila Glaukophan mit feinen rötlichen Granatsäumen.

Abb. 75c Armbänder aus dem typischen eklogitfaziellen Allalin-Gabbro.

Abb. 75d Aschenbecher – heute ziemlich aus der Mode gekommen, hier aus Normalgabbro mit magmatischen schwarzen Augiten und weiss-grauem Saussurit 1 nach Plagioklas.

Abb. 75e Eine Skulptur von Hans van der Heide aus eklogitfaziellemTroktolith bis Olivingabbro. Höhe 15 cm.

Abb. 75f Auch Kugeln werden gerne aus dem Allalin-Gabbro gefertigt. Hier eine aus der Werkstatt von Urs Brendle. Durchmesser 8,5 cm.

Abb. 75g Eine grosse Schale aus Allalin-Gabbro im Übergang zwischen Eklogit- und Grünschieferfazies («Symplektit-Stadium»), gefertigt von Andreas Hofer. Länge der Schale 27 cm.

Abb. 75h Auch Schweizer Taschenmesser mit Allalin-Gabbro-Beschlag gibt es.

Abb. 75i Die Kleine Kapelle von Furggstalden ob Saas-Almagell, die sowohl aussen als auch innen mit geschliffenen Platten aus Allalin-Gabbro dekoriert ist.

Abb. 75j Bodenplatten aus Allalin-Gabbro im Haus von Fabian Zurbriggen in Saas-Fee (s. Kap. 29)

Abb. 75k Kleine, 7 cm hohe Bergskulptur aus glaukophanreichem Allalin-Gabbro, von Hand geschliffen vom deutschen Gesteins- und Geologiefan Hans Löhmer aus Kassel.

Abb. 75l Kleine Steinschnitzereien aus Allalin-Gabbro von Michel Gratier (s. Kap. 25)

75a | **75**
75c | **75**

75e	75
75g	75

75i	75
75k	75

29

Der Allalin-Gabbro in Saas-Fee

Sieh, das Gute liegt so nah …

«Der Prophet gilt nichts im eigenen Land.»
(nach Jesus/Matthäus)

Na ja, so arg geht es dem Allalin-Gabbro in seinem «Heimatdorf» Saas-Fee nun doch auch nicht. Steigt der Besucher am Busterminal aus, geht auf den Platz davor und um etwas anzukommen in der hehren Bergwelt, zur «Steininsel» in dessen Mitte, so kann er, sofern er aufmerksam wahrnimmt, erkennen, dass ein grosser Teil der die Insel umrahmenden Steinblöcke nichts anderes ist als Allalin-Gabbro. Er liegt da in fast allen Varianten. Zur Zeit der Entstehung dieses Buches war die ganze Anlage etwas in die Jahre gekommen, die Steinblöcke mit recht viel Patina und Flechten überzogen und nicht mehr besonders attraktiv (Abb. 76a). Zum Glück besteht bei Saas-Fee-Tourismus und Gemeinde der Wille, die Anlage aufzuwerten und damit auch die Allalin-Gabbro-Blöcke besser in Szene zu setzen.

Spaziert man durch das Dorf, erblickt man doch da und dort in den Gärten den einen oder anderen Allalin-Gabbro, ja, am Dorfweg gibt es sogar einen kleinen Brunnen aus dem Stein (Abb. 76b, c). Doch damit hat es sich dann mit der Präsenz. Keine weiteren Hinweise oder Bezüge – wie wäre es etwa mit einem Steak vom Allalin-Gabbro-Stein in einem Restaurant? Oder mit einigen Foto-Postern? Ob das Gestein bei

Abb. 76a Die Steininsel vor dem Busbahnhof in Saas-Fee, Sommer 2021. Eine Aufwertung ist geplant.

der geplanten Neugestaltung des Dorfmuseums zum Zuge kommen wird, muss sich noch zeigen.

Auch als Schmuck- und Dekorationsstein ist der Allalin-Gabbro kaum zu finden. Und recht viele «Saaseni», wie sich die Einheimischen nennen, kennen ihn überhaupt nicht – mit etlichen löblichen Ausnahmen natürlich. Zuvorderst ist da Fabian Zurbriggen zu nennen, der in Kapitel 25 schon erwähnt wurde, mit seinen Bodenbelägen aus Allalin-Gabbro-Platten in seinem Haus.

Es gibt also durchaus noch Luft nach oben.

Erst kurz vor der Fertigstellung dieses Buches habe ich erfahren, dass der Rotaryclub Saastal den Allalin-Gabbro als sein Wahrzeichen gewählt hat – bravo!

Auf der Britanniahütte durfte ich in Zusammenarbeit mit Hüttenwart Dario Andenmatten und der SAC Sektion Genf, welcher die Hütte gehört, eine kleine Wand-Installation mit schönen polierten Platten des Gesteins anbringen, und die Geologin Anna Rauch konnte ein geologisches Panoramabild realisieren.

Es ist zu hoffen, dass mit der Publikation dieses Buches auch bei den «Saaseni» der Bezug zu und die Wertschätzung für «ihr» schönstes Gestein der Welt steigt und sie es als Freude und Geschenk empfinden.

Abb. 76 b Hie und da liegen am Strassenrand in Saas-Fee schöne Allalin-Gabbro-Blöcke …

Abb. 76 c … oder sogar wie hier eine Art Brunnen. Mit einem Wasser-Zulauf und etwas markanterer Aufstellung würde er noch viel eindrücklicher zur Geltung kommen.

30

Suchen – Finden – Schützen

Gedanken zum Schauen und Sammeln

«Wer suchet der findet.»
(Matthäus, 7/7)

Schöne, spezielle, interessante Steine zu sammeln, ist fast ein wenig ein Volkssport. Wie vielen Menschen bin ich doch begegnet, die von ihren Reisen, Wanderungen und Bergtouren Steine mit nach Hause bringen. Sei es, weil sie damit spezielle Erlebnisse verbinden, sei es, weil ihnen die Form gefällt – besonders beliebt sind «Handschmeichler» und Herzformen – oder sei es, dass das Muster, die Farben gefallen. So mögen Sie, geschätzte Leserin, Leser, nach der Lektüre oder dem Durchblättern dieses Buches auch Lust verspüren, auf die Suche nach schönen Allalin-Gabbros zu gehen. Tun Sie das ruhig. Seien Sie sich aber bewusst, dass Steine, Gesteinsproben und Mineralien nicht wirklich «nachwachsende» Ressourcen sind bzw. es im ewigen Kreislauf der Gesteine meist viele Millionen Jahre dauert, bis Gesteine in geologischen Prozessen neu gebildet werden. Was weg ist, ist weg. Deshalb: Seien Sie beim Sammeln von geologischen Proben immer zurückhaltend und respektvoll. Und, natürlich, beachten Sie die lokal oder regional vorhandenen gesetzlichen Vorgaben. Respektieren Sie Grundbesitzende und Bauernland. Schliesslich gilt auch für das Sammeln von Steinen der Ehrenkodex der schweizerischen Vereinigung der Strahler, Mineralien- und Fossiliensammler SVSMF (https://www.svsmf.ch/vereinigung/ehrenkodex).

Allalin-Gabbro im Wallis

Auch wenn der gesamte Ost-/Südostteil des Allalinhorns aus Allalin-Gabbro besteht, sind die direkten Sammelmöglichkeiten dort wegen der Steilheit und Gefährlichkeit des Geländes beschränkt. Allerdings fällt der Hohlaubgletscher, wie alle anderen Alpengletscher, infolge der beschleunigten anthropogenen Klimaerwärmung mit erschreckender Geschwindigkeit in sich zusammen, und so entstehen im unteren Bereich des Hohlaubgrates viele neue, frische und recht gut zugängliche Aufschlüsse.

Aber es bleibt viel einfacher, sich auf der Mittelmoräne zwischen Hohlaub- und Allalingletscher umzusehen, vor allem auf deren südlicher Seite (Abb. 77 a). Dort können Sie viele schöne, auch nicht allzu grosse Proben finden, auch vom Gabbro mit magmatischen Mineralien. Passen Sie in steileren Partien gut auf – viele der Blöcke liegen recht instabil! Wenn Sie vorgängig in der Britanniahütte übernachten, können Sie dort eine Auswahl von polierten Prachtstücken des Gesteins in einer kleinen Ausstellung bewundern, und so Ihre Vorfreude steigern.

Noch wesentlich bequemer können Sie in der Gegend nördlich von Mattmark fündig werden, vor allem in den Ausläufern der Vorderen Allalinmoräne. Dort holen auch alle diejenigen, welche aus Allalin-Gabbro Dekor- und Schmuckgegenstände herstellen, ihre Proben. Wenn Sie schon in Mattmark sind, tummeln Sie sich unbedingt entlang der Naturstein-Staumauer aus kubikmetergrossen Blöcken von lokalen Gesteinen. Sie werden nicht nur beste Beispiele von Allalin-Gabbros in allen Varietäten finden, sondern die ganze Palette der regionalen Gesteine: Eklogite, Serpentinite, Quarzite, Dolomite, Ortho- und Paragneise und vieles mehr.

Natürlich können Sie talauswärts auch an der Vispa immer wieder auf schöne Stücke stossen, bis hinab ins Rhonetal – wobei dort die «Verdünnung» durch andere Gesteine laufend zunimmt.

Abb. 77 a Auf der Suche nach dem schönsten Handstück auf der Allalinmoräne zwischen Hohlaub- und Allalingletscher.

Abb. 77 b Die Staumauer von Mattmark. Ein beachtlicher Teil der grossen Bedeckungs-Felsblöcke besteht aus Allalin-Gabbro.

Abb. 77 c Michel Gratier und Peter Thomet an der Orbe auf der Suche nach Allalin-Gabbros.

Allalin-Gabbro im Mittelland

Auf der Eiszeitkarte von Abb. 58 sehen Sie die Ausmasse des letzteiszeitlichen Wallis-Gletschers – und in diesem riesigen Gebiet können Sie Allalin-Gabbros auf Äckern und in Kiesgruben finden (Abb. 77 b). Oder Sie können mehr oder weniger bekannte und beschriebene Findlinge besuchen (eine Liste der bedeutendsten mit Koordinaten ist in Anhang G vorhanden).

Auch in Flüssen des Mittellandes können Sie immer mal wieder auf Allalin-Gabbros stossen. Besonders ergiebig sind die Flüsse Areuse, Aubonne, Mentue, Orbe und Toleure in der Romandie (Abb. 77 c). Dort hat sich in den letzten Jahren eine derart intensive und teilweise rücksichtslose Sammlerei von schönen Allalin-Gabbros entwickelt, dass der Kanton Waadt dabei ist, eine strenge Beschränkung gesetzlich einzuführen.

Bei älteren, noch grösseren Eisvorstössen wurden Allalin-Gabbros auch über das Gebiet der letzten Vergletscherung hinaus abgelagert. So muss etwa der Findling von Eriswil südlich von Huttwil von einer solchen Kaltzeit stammen (Abb. 60 e).

Schliesslich haben Aare und Rhein Gerölle auch weiter über die Vergletscherungsgrenzen transportiert. Deshalb konnte Alfred Burkhard aus den Kiesbänken des Rheins bei Basel eine hervorragende Sammlung schöner Proben sammeln; und von anderen Sammlern habe ich vernommen, dass auch weiter nördlich, bis in die Gegend von Freiburg im Breisgau, Funde möglich sein sollen.

Anhang

A Literatur

Auswahl populärwissenschaftlicher Werke mit mehr oder weniger direktem Bezug zum Allalin-Gabbro bzw. der Geologie der Walliser Alpen.

Buchangaben	Kurzkommentar
Wie Berge entstehen und vergehen Jürg Meyer Haupt Verlag, 1. Auflage 2021	Der Untertitel «In 30 Etappen durch die Alpengeologie» weist darauf hin: Es ist kein systematisches Lehrbuch über die Alpengeologie, sondern fokussiert in 30 essayartigen Beiträgen einerseits darauf, hartnäckig sich haltende «alte Zöpfe» abzuschneiden, andererseits neue und teils überraschende Ergebnisse der geologischen Alpenforschung zu präsentieren. Sehr gut verständlich, mit einigen Prisen Humor, mit eingängigen Grafiken und garniert mit Cartoons des bekannten deutschen Cartoonisten Denis Metz. So macht Alpengeologie Freude.
Geologie der Schweiz Christian Gnägi / Toni Labhhart Ott/h.e.p. verlag 10. Auflage 2017	Der Klassiker! Um 1970 erstmals als kleines Hallwag-Büchlein erschienen, wurde es vom grossen Alpengeologie-Vermittler Toni Labhart ständig erweitert. Seit 2015 ist als Co-Autor C. Gnägi dazu gestossen. Guter Überblick über alle geologischen Baueinheiten der Schweiz und deren Gesteine, über die Entstehung der Alpen, über die jüngere geologische Geschichte und Landschaftsprägung sowie über die Nutzung geologischer Ressourcen in der Schweiz.
Gesteine der Schweiz Jürg Meyer Haupt Verlag, 2. Auflage 2022	Das einzige Buch, welches sich konkret mit den Gesteinen der Schweiz beschäftigt. Die wichtigsten Gesteine werden in zwei- bis vierseitigen Porträts beschrieben, die Fotos zeigen die Gesteine vom Handstück bis in die Landschaft. Mit einer Gesteinszonenkarte zur raschen Orientierung und Einführungen in die Welt der Alpengesteine.
Gesteine einfach bestimmen Jürg Meyer Haupt Verlag, 2. Auflage 2022	Für alle, die ihre selbst gesammelten Gesteine bestimmen möchten. Mit einer knappen, aber sehr guten Einführung in die Welt der Gesteine. Mit etwas Übung oder einem Einführungskurs geht es besser.
Das Matterhorn aus Afrika Michel Marthaler Ott Verlag 3. Auflage 2013	Eine sehr gute und moderne Einführung zur Alpenbildung. Stark an den plattentektonischen Vorgängen orientiert, welche durch geologische Beispiele vor allem aus den Walliser Alpen illustriert werden. Hervorragende farbige Abbildungen und Diagramme.
Kleiner geologischer Führer Saas-Fee Jürg Meyer Seilbahnen Saas-Fee, 2023	Sehr elementare kleine Übersicht über die Gesteine der Region Saas-Fee. Vorderhand nur als PDF auf der Webseite der Bergbahnen Saas-Fee vorhanden.
Zermatt: Safari im Meer. Das Matterhorn: vom Ozean nach Afrika. Michel Marthaler & Micha Schlup Editions Loisirs et Pédagogie 2023	Diese beiden geologischen Exkursionsführer betreffen zwar nicht direkt das Gebiet rund um Saas-Fee, aber doch die geologisch verwandte Nachbarregion bei Zermatt. Sie sind hier angeführt, weil es nach Meinung des Autors absolut vorbildliche Werke sind, welche Geo-Amateure auf den bestens beschriebenen Wanderungen begleiten. So etwas würde auch der Region Saas-Fee gut anstehen.
CSI ALPS Martin Wyss www.csi-alps.unibe.ch	Dies ist zwar kein Buch, sondern eine Web-Publikation. Sie behandelt allgemeine Geologie und die Alpenbildung für die gymnasiale Stufe, und deshalb auch für interessierte Amateure. Die Grafiken sind einmalig gut, die Texte knapp und sehr klar und durchdacht. Ein vorbildliches Lehrmittel.

Einige wichtige und teilweise zitierte wissenschaftliche Publikationen

Barnicoat, A. C. & Fry, N. (1986): High-pressure metamorphism of the Zermatt-Saas ophiolite zone, Switzerland. J. Geol. Soc. London, Vol.143 (4), 607–618.

Bearth, P. (1967): Die Ophiolithe der Zone von Zermatt – Saas-Fee. Beiträge zur geologischen Karte der Schweiz, Neue Folge, 132. Lieferung.

Bonney, T. G. (1892): Petrological Notes on the Euphotide or Saussurite-Smaragdite Gabbro of the Saasthal. The London, Edinburgh, and Dublin Philosophical Magazine and Journal of Science, Fifth Series, XXIV.

Bucher, K. et al. (2005): Blueschists, eclogites, and decompression assemblages of the Zermatt-Saas ophiolite: High-pressure metamorphism of subducted Tethyan lithosphere. Amer. Min. Vol. 90, 821–835.

Bucher, K. & Grapes R. (2009): The Eclogite-facies Allalin Gabbro of the Zermatt-Saas Ophiolite, Western Alps: a Record of Subduction Zone Hydration. J. Petrol. Vol. 50/8, 1405–1442.

Cartwrith, I. & Barnicoat, A. C. (1999): Stable isotope geochemistry of Alpine ophiolites: a window to ocean-floor hydrothermal alteration and constraints on fluid-rock interaction during high-pressure metamorphism. Int. J. Earth Sciences 88, 219–235.

Chinner, G. A. & Dixon, J. E. (1973): Some High-pressure Parageneses of the Allalin Gabbro, Valais, Switzerland. J. Petrol., Vol 14/2, 185–202.

De Saussure, H. B. (1779: Voyages dans les Alpes, précédés d'un Essai sur l'histoire naturelle des environs de Genève, 1779–1796.

Dietrich, J., Hermann, J. & Pettke, T. (2024, in press). Magmatic genesis, hydration and subduction of the eclogite-facies Allalin gabbro (Western Alps, Switzerland). Swiss Journal of Geosciences.

Meyer, J. (1983): Mineralogie und Petrologie des Allalin-Gabbros. Diss. Univ. Basel.

Rubatto, D., Gebauer, D., Fanning, M. (1998): Jurassic formation and Eocene subduction of the Zermatt-Saas-Fee ophiolites: implications for the geodynamic evolution of the Central and Western Alpes. Contrib. Mineral. Petrol. 132, 269–287.

Schäfer, R. W. (1895): Ueber die metamorphen Gabbrogesteine des Allalingebietes im Wallis zwischen Zermatt- und Saasthal. Tschermaks Mineralogische und Petrographische Mittheilungen Band XV, Heft I./II.

Wayte, G. J. et al. (1989): A TEM study of disequilibrium plagioclase breakdown at high pressure: the role of infiltrating fluid. Contrib. Mineral. Petrol 101, 426–437.

B Quellenangabe zu den Fotos und Grafiken

Fotos

Der allergrösste Teil der Fotos stammt vom Autor.
Bei den Makrofotos wirkte Peter Glauser aus Langnau aktiv mit, sowohl bei der Fotografie selbst als auch bei der Nachbearbeitung der Bilder. Die Dünnschlifffotos durfte ich an den geologischen Instituten von Basel und Bern realisieren; in Bern unter Anleitung von Julia Dietrich.
Quellen der anderen Fotos:

2 b	zvg Prof. em. Dr. Kurt Bucher, D-Freiburg
2 b	zvg Peter Thomet, Ins
3 b, c	Wikimedia Commons
25	ESRI ArcGis Satellitenfoto
29	Mineralienatlas.de, © dendrocopos
41	WikimediaCommons
50	zvg Prof. em. Dr. Kurt Bucher, D-Freiburg
53	zvg Julia Dietrich, Uni Bern
57g	© Alessandro Gogna/GognaBlog
57 h	zvg Prof. em. Dr. Kurt Bucher, D-Freiburg
57 i	zvg Martin Kriz, Greifensee
62 a, b	zvg Peter Thomet, Ins
66 a	Shutterstock
66 b	zvg British Museum, London
68	© Romain Pilloud, Archäolog. Dienst Kt. Bern
69 b, c	© Roger Grisiger, Archäolog. Dienst Kt. Bern
69 i-l	dito
74 f	Shutterstock
80	© Severin Nowacki, Fotograf, Worb

Grafiken

Die Grafiken wurden vom Geologen und Illustrator Dr. Martin Wyss (Baden) realisiert. Bei den unten nicht spezifisch aufgeführten Grafiken dienten entweder Handskizzen des Autors oder verschiedene in Lehrbüchern oder im Internet vorhandene Illustrationen als Vorlagen für eigene Skizzen. Die Kartengrundlagen der Abb. 5, 15, 26 und 58 stammen aus den frei verfügbaren Daten von swisstopo.

Abb. 8	© Carta Geologica d'Italia 1:50 000, Webseite isprambiente.gov.it
Abb. 9	© Library of Congress, USA, Geography and Map Division
Abb. 16	© Anna Rauch, Geologin / Illustratorin, www.cartogrip.ch
Abb. 26	Eigene Kartendarstellungen von Dr. Martin Wyss
Abb. 27	Modifiziert nach Marthaler (2001): Le Cervin, est-il Africain, und Escher, A. et al. (1988), Mem. Géol. Lausanne No 2
Abb. 28	Eigene Kartendarstellungen von Dr. Martin Wyss und des Autors
Abb. 33	wie Abb. 27

C Glossar

Es werden nur Begriffe aufgeführt, welche nicht im Buch in genügender Tiefe erklärt werden. Die Erläuterungen sind maximal kurz gehalten, weil unterdessen zu praktisch allen Begriffen sehr gute und ausführliche Erklärungen im Internet zu finden sind, vorab auf Wikipedia. In den Erläuterungen verwendete Begriffe, welche im Glossar beschrieben werden, sind mit einem → Pfeil markiert.

Begriff	Kurzerläuterung
Adria adriatisch	→ Mikroplatte, die zwischen den ehemaligen Grosskontinenten Eurasien und Afrika lag und die südlichen/oberen tektonischen Einheiten der Alpen bildet.
Akzessorisch	Geringste (Mineral)Anteile am Gestein, unter 1 Vol.- %, meist auch deutlich weniger.
Anorthosit	Gestein, welches zu mindestens 90% aus → Plagioklas-Feldspat besteht.
Quarzit	Metamorpher Quarz-Sandstein, der zum grössten Teil aus rekristallisierten und stark verzahnten Quarzkörnern besteht.
Arollagneis	Gneiskomplex, welcher einen Grossteil der → salassischen Dent-Blanche-Decke aufbaut, hervorgegangen aus einem plutonischen Intrusionskomplex der Karbon-Perm-Zeit. Wichtiges Glazialgestein des Wallis-Gletschers
Augit	Glied der → Pyroxen-Familie, Ca-Mg-Fe-Mineral, zentraler Bestandteil der Gabbros.
Brekzie	Gestein, welches aus eckigen Gesteinsbruchstücken in einer feineren Grundmasse besteht; verschiedene Entstehungsarten sind möglich.
Decke	Einheit aus einem oder mehreren Gesteinen, welche als zusammenhängendes Paket bei der Alpenbildung über andere Einheiten geschoben und dabei oft verfaltet wurde. Zentrales Bauelement der Alpen.
Diallag, diallagisiert	An sich veralteter, aber noch oft verwendeter Begriff für magmatische Augite, welche durch leichte hydrothermale Umwandlungen eine kupfer- bis braungraue Färbung mit einem Schiller auf den Spaltflächen erhalten haben.
Diorit, dioritisch	→ Plutonit, verwandt mit Gabbro, etwas siliziumreicher, bestehend aus → Plagioklas und → Hornblende, oft auch mit Biotit. Das vulkanische Äquivalent ist der Andesit.

Begriff	Kurzerläuterung
Duktil	Verformung von Materialien ohne Bruch; wird meist mehr oder weniger synonym zu plastisch verwendet.
Eklogitfazies	Metamorphosebereich, welcher durch hohe bis sehr hohe Drucke und mittlere bis hohe Temperaturen charakterisiert ist → grosse Versenkungstiefen.
Erzmineralien	Mineralien mit hohem Metallgehalt, i. d. R. von Metallen, welche als Rohstoffe abgebaut werden.
Findling	Von einem Gletscher ins Vorland transportierter Gesteinsblock, der nach dem Zurückschmelzen als exotischer Block liegen bleibt.
Flasergabbro	Duktil verformter Metagabbro, dessen magmatische Mineralpseudomorphosen zu linsig-flatschigen Formen deformiert wurden.
Fluid	Zustand einer Flüssigkeit bzw. eines Gases oberhalb des kritischen Punkts, wo es keinen Unterschied mehr gibt zwischen flüssig und gasförmig. In der Geologie sind damit meist wässrige Fluids gemeint.
Foliation	Penetratives Flächengefüge in Gesteinen, das nicht durch Sedimentation entstanden ist. Entsteht in i.d.R. durch Einregelung plättchenförmiger Mineralien (oft → Glimmer), dann spricht man auch von Schieferung.
Gang, Ganggestein	Plattenförmiger Körper, der als Spaltenfüllung einer magmatischen Schmelze entstanden ist.
Geothermischer Gradient	Zunahme der Temperatur mit der Tiefe, in Grad pro Kilometer.
Glazifluviatil	Ablagerungsprozesse im Zusammenwirken von Gletschern und Fliessgewässern. Auch fluvioglazial als Synonym.

Begriff	Kurzerläuterung
Glimmer	Wasserhaltige Silikatmineralfamilie, mit einem flächigen Kristallgitteraufbau und demzufolge plattigen Kristallformen. Diese definieren häufig die Schieferung / → Foliation in metamorphen Gesteinen.
Gneis	Sammelbegriff für mittel- bis grobkörnige, mittel- bis hoch metamorphe Gesteine mit einer → Foliation, demzufolge beim Zerschlagen in cm- bis dm-dicke Platten brechend.
Grabenbruch	Bruch in der Kruste im Zusammenhang mit dem Einsinken von Krustenteilen infolge Dehnungsvorgängen.
Granitfamilie	→ Plutonische Gesteine mit mindestens 20 % Quarz und variablen Anteilen der beiden Feldspäte → Kalifeldspat und → Plagioklas.
Grünschieferfazies	Metamorphosebereich, welcher durch mittlere Temperaturen und Drucke charakterisiert ist.
Halbwertszeit	Die Zeitspanne, in welcher von einer bestimmten Menge eines natürlich radioaktiven Elements die Hälfte zerfallen ist. Grundlage für die radiometrische Altersbestimmung.
Hornblende	Wichtigste Vertreterin der Mineralfamilie der Amphibole – wasserhaltige Silikatmineralien mit bandartiger Anordnung der Si-O-Strukturketten. Die schwarze Hornblende ist häufig in magmatischen und metamorphen Gesteinen.
Hydrothermal	Gesteins- und Mineralumwandlungen unter Einfluss heisser Tiefengrundwässer.
Intrusion	Körper eines → Plutonits, der durch Eindringen von → Magma in Umgebungsgestein entstanden ist. Dimensionen von Metern bis viele Kilometer.
Isotope	Varietät eines Elements, das eine vom «Stammelement» unterschiedliche Neutronenzahl hat. Viele Elemente können ein bis mehrere Isotope aufweisen. Diese können stabil oder instabil sein. Stabile Isotope sind wichtige «Marker» für geologische Prozesse. Instabile Isotope zerfallen unter radioaktiver Abstrahlung und sind zentral für die Altersbestimmung.
Kalifeldspat	Das Kalium-Endglied der Mineralfamilie der Feldspäte, das sind K-Na-Ca-Gerüstsilikate. Wichtiges Mineral der → Granitfamilie und in vielen Gneisen.
Kalkglimmerschiefer	Metamorphes Sedimentgestein, welches aus marinen tonig-kalkigen Ausgangsgesteinen entstand. In den Alpen häufigstes Gestein der sogenannten «Bündnerschiefer»-Abfolgen.
Kissenbasalt	Kissen- wulst- oder wurstartige Ausflussformen von Basaltmagma im Wasser – vorab an den mittelozeanischen Rücken.

Begriff	Kurzerläuterung
Kollisions-Gebirge	Gebirgszüge, welche durch die Kollision von zwei Kontinentalplatten entstanden. In der Regel wird vor der Kontinentalkollision der ehemals zwischen den beiden Kontinenten liegende ozeanische Lithosphäre → subduziert.
Leuko (-gabbro)	Helles plutonisches Gestein mit weniger als 35 Vol.-% an dunklen Mineralien. Dunklere Gesteine sind dann meso- oder melanokrat.
Lithostratigrafie	Abfolge bzw. räumliche Gliederung von Gesteinsabfolgen rein nach ihren Gesteinsarten.
Magma, magmatisch	Masse von aufgeschmolzenem Gestein der Kruste oder des Mantels. Magmen können neben Schmelze auch Kristalle, Gas und Fluide oder Stücke von nicht aufgeschmolzenem Fremdgestein enthalten. Typische Magma-Temperaturen liegen bei 750–1500 °C.
Magmakammer	Raum in der Erdkruste oder im oberen Mantel, welcher durch Magma gefüllt ist, welches heisser ist als das Umgebungsgestein. Kühlt das Magma in der Magmakammer ab, entsteht ein Pluton, steigt es durch die Kruste auf, entsteht ein Vulkangebäude.
Magmatische Schichtung	Schichtstruktur, welche durch Prozesse in einer Magmakammer entstanden ist.
Metabasalt	Metamorpher Basalt, unabhängig vom Metamorphosegrad.
Mikroplatte	Im Vergleich zu den grossen tektonischen Platten, wie der afrikanischen oder eurasischen, kleine bis sehr kleine tektonische Platten, mit Dimensionen von einigen Hunderten bis Zehntausenden von km^2.
Mikrosondenanalyse	Zerstörungsfreie chemische Analyse von Oberflächen (z. B. Gesteinsdünnschliffe) mithilfe des Beschusses mit einem Elektronenstrahl und dadurch emittierter Röntgenstrahlung. Analyse bis zu Radien von ca. 1 mm.
Modalbestand	Anteil von Mineralien in einem Gestein, ausgedrückt in Volumenprozenten.
Molasse	Sedimentablagerungen im Vorland eines entstehenden Gebirges, aus Abtragungsmaterial ebendieses Gebirges.
Nagelfluh	Schweizerdeutscher, umgangssprachlicher Begriff für Molasse-Konglomerate («fossile Flussablagerungen»).
Olivin	Wasserfreies Fe-Mg-Silikatmineral; wichtigstes Mineral des Erdmantels (Perditotitgestein), und oft auch Bestandteil von Basalt und Gabbro.
Omphacit	Na-Pyroxen, der nur unter hohen Drucken stabil ist, und deshalb Typmineral der Eklogitfazies.

Begriff	Kurzerläuterung
Orthopyroxen	Mitglied der → Pyroxen-Familie, das nicht monoklin, sondern orthorhombisch kristallisiert. Fe-Mg-Orthopyroxene sind wichtige Nebengemengteile in Peridotiten und Gabbros.
Pegmatit	Grob- bis grosskörniges magmatisches Gestein, das aus fluidreichen Restschmelzen kristallisiert. Sehr häufig in Granitplutonen, aber auch in Gabbros.
Petrologie, petrologisch	Wissenschaft von der Bildung der Gesteine.
Piemont-Ozean	Ozeanbecken, das sich in der Jurazeit zwischen dem Mikrokontinent Iberia-Briançonnais und Adria-Salassikum bildete; Teil des Tethys-Meeressystems.
Plagioklas	Calciumreiches Mitglied der Mineralfamilie der Feldspäte (K-Na-Ca-Gerüstsilikate). Wichtigstes helles Mineral in basischen Magmatiten (Basalt und Gabbro).
Plastisch	Verformung von Materialien ohne Bruch; wird meist mehr oder weniger synonym zu duktil verwendet.
Plattentektonik	Tatsache, dass die feste äusserste Schicht der Erde, die Lithosphäre, sich als relativ zueinander bewegende Platten bewegt. Seit ca. 60 Jahren akzeptierte Erklärung für die meisten geologischen Prozesse.
Plutonit	Magmatisches Gestein, welches in der Tiefe der Erdkruste (ca. 5-50 km) durch langsames Auskristallisieren der Mineralien entstanden ist (z. B. Granit, Gabbro).
Polymetamorph	Gestein, welches mehr als eine metamorphe Umwandlung erlebt hat.
Protolith	Das Ausgangsgestein eines metamorphen Gesteins.
Pseudomorphose	Form eines ehemaligen Minerals, welches durch ein anderes Mineral oder ein Mineralgemenge ersetzt wurde.
Pyroxen	Familie von wasserfreien Silikatmineralien mit einer kettenartigen Grundstruktur von Si und O sowie einer grossen Zahl von möglichen weiteren Elementen wie Al, Ca, Fe, Mg, Na, K etc. Das Pyroxenmineral → Augit ist ein Hauptmineral in Basalt und Gabbro.
Quarz	Zweitwichtigstes Mineral der Erdkruste nach den Feldspäten, reines Siliziumoxid SiO_2. Sehr häufig in granitischen Plutoniten und vielen Metamorphiten und Sedimenten. Basalt und Gabbro enthalten keinen Quarz.
Radiolarit	Tiefsee-Sedimentgestein, welches aus den Quarz-Schalen der Mikroplanktongruppe der Radiolarien besteht; diese sinken bis in die Tiefsee ab, während die viel häufigeren Kalkschalen bis dorthin aufgelöst werden.

Begriff	Kurzerläuterung
Rauwacke	Löchrig-poröses Gestein aus Calcit und Dolomit; die Löcher enthielten Gips, der oberflächennah herausgelöst wurde. Nicht zu verwechseln mit der Grauwacke, einem sandigen Sedimentgestein.
Röntgenanalyse	Analyse von Mineralien mithilfe von Röntgenstrahlung (chemische Zusammensetzung oder Struktur).
Salassikum	Erst neulich von der Landesgeologie neu definierte tektonische bzw. paläogeografische Domäne, zwischen Oberpenninikum/Piemont-Ozean und Ostalpin/Adria; relativ lokaler Mikrokontinent.
Seismik, seismisch	Analyse von künstlich ausgelösten oder natürlichen (Erdbeben-) Schockwellen, welche Gesteinsabfolgen durchqueren und an Gesteins-(bzw. Dichte-)grenzen teilweise reflektiert oder gebrochen werden. Damit können Strukturen im Erdinneren erkannt werden.
Serpentin, Serpentinit	Wasserhaltiges Fe-Mg-Schichtsilikat, entsteht durch Hydratisierung von Olivin und Orthopyroxen im Erdmantelgestein Peridotit. Serpentinit ist das Gestein, welches hauptsächlich aus Serpentin besteht.
Silex	Dicht-mikrokristallines Gestein aus Quarz bzw. Chalcedon, sedimentär-diagenetisch gebildet. Analoga: Hornstein, Feuerstein.
Subduktion	Abtauchen einer ozeanischen Platte unter eine andere – kontinentale oder ozeanische Platte.
Symplektit	Mikroskopisch-feinstkörnige Verwachsung von zwei oder mehr Mineralien als Umwandlungsprodukte anderer Mineralien.
Synform (Synklinale)	Nach unten gerichtete, geschlossene Faltenform mit der jüngeren Schicht oben/innen.
Tektonik, tektonisch	Lehre von Aufbau und Struktur der Erdkruste bzw. der Erde sowie der darin stattfindenden Bewegungen und Deformationen.
Tethys (-ozean)	Meeressystem, welches sich ab der Triaszeit zwischen Eurasien und Afrika entwickelte. Nach heutigen Kenntnissen komplex gestalteter Raum mit verschiedenen Mikrokontinenten und Meeresbecken.
Tiefengestein	Analogon zu → Plutonit.
Variszisch	Gebirgsbildungsphase in der Karbon- bis Permzeit durch Kollisionsvorgänge zwischen den damaligen Grosskontinenten Gondwana und Laurasia.
Zirkon	Zirkonium-Silikatmineral, welches in vielen magmatischen und metamorphen Gesteinen → akzessorisch auftritt und zentral wichtig ist für die radiometrische Altersbestimmung.

D Der Autor

Jürg Meyer

Promovierter Geologe/eidg. dipl. Bergführer/Ausbildner und Sachbuchautor
www.rundumberge.ch

Nach langjähriger Arbeit als Geologe an der Uni Bern und selbstständiger Bergführer sowie einem elfjährigen Engagement als Umweltbeauftragter des Schweizer Alpen-Clubs SAC ist Jürg Meyer seit 2008 selbstständig unterwegs. Neben Konzept-, Projekt- und Beratungsarbeiten für verschiedene Pärke der Schweiz war er 2003–2019 als leitender Experte für Natur-Kultur-Ausbildung im schweizerischen Bergführerverband SBV tätig.
Ein weiterer Schwerpunkt sind eigene geologische Exkursionen, Reisen und Vorträge. Ganz besonders liebt er es, spannende und unterhaltsame Vorträge zu geben sowie gut verständliche geowissenschaftliche Sachtexte für interessierte Laien und Amateure zu verfassen. Unterdessen konnte er verschiedene Bücher im renommierten Sachbuchverlag Haupt in Bern veröffentlichen: Gesteine der Schweiz – der Feldführer (2. Auflage 2022), Gesteine einfach bestimmen (2. Auflage 2022, in den USA auf Englisch und in Frankreich auf Französisch erschienen), Wie Berge entstehen und vergehen – in 30 Etappen durch die Alpengeologie (2021).

Im Rahmen von Projektarbeiten für Pärke der Schweiz konnte Jürg Meyer verschiedene kleinere Publikationen realisieren, dazu 2021 eine einjährige Serie über geologisch interessante Alpenberge in der Zeitschrift DIE ALPEN des Schweizer Alpen-Clubs SAC und 2021-2023 eine zwölfteilige Serie über besondere Nutzgesteine in der Steinbildhauer-Zeitschrift «Kunst & Stein».
Seine grosse Passion ist Ausbildung und Vermitteln von Geologie und verwandten Themen an Laien und Amateure – am liebsten draussen in der Bergwelt oder in direktem Kontakt mit einem Vortragspublikum.

E Abkürzungen der Mineralnamen

Die Abkürzungen richten sich im Wesentlichen nach der seit 2021 international festgelegten Abkürzungsliste (Warr, 2021). Diese basiert auf den englischen Mineralnamen. Deshalb können sich vereinzelt Abweichungen für die deutschen Namen ergeben. Die Reihenfolge ist alphabetisch nach den Abkürzungen, nicht den Mineralnamen.

Ab	Albit
Akt	Aktinolith (Amphibol)
Ap	Apatit
Aug	Augit (Pyroxen)
bgHbl	Blaugrüne Hornblende
Brs	Barroisit (Amphibol)
Bt	Biotit (Glimmer)
Cal	Calcit
Chl	Chlorit
Chr	Chromit
CrOmp	Chrom-Omphacit (Pyroxen)
Di	Diopsid (Pyroxen)
Dis	Disthen
Dol	Dolomit
Dsp	Diaspor
Ep	Epidot
Gln	Glaukophan (Amphibol)
Grt	Granat
Häm	Hämatit
Hbl	Hornblende (Amphibol)
Hz	Herzynit (Spinell)
Ilm	Ilmenit
Jd	Jadeit
Kpf	Kupferkies
Krn	Korund
Mag	Magnetit
MgCld	Mg-Chloritoid
Mgs	Magnesit
Mrg	Margarit (Glimmer)
NaAug	Natrium-Augit (Pyroxen)
Ol	Olivin
Omp	Omphacit (Pyroxen)
Opx	Orthopyroxen (Pyroxen)
Pg	Paragonit (Glimmer)
Phe	Phengit (Glimmer)
Pl	Plagioklas (Labradorit)
Prg	Pargasit (Amphibol)
Prh	Prehnit
Pwk	Preiswerkit (Glimmer)
Py	Pyrit
Pyh	Pyrrhotin
Qz	Quarz
Rt	Rutil
Sauss1	Saussurit 1 (Zo-Jd-Qz)
Sauss2	Saussurit 2 (Zo-Om-Di)
Sauss3	Saussurit 3 (Zo-Ab-Pa)
Skp	Skapolith
Smr	Smaragdit
Srp	Serpentin
Tlk	Talk
Tr	Tremolit (Amphibol)
Ttn	Titanit
Zo	Zoisit
Zrn	Zirkon

F Die makroskopisch erkennbaren Mineralien im Allalin-Gabbro

Die nachfolgende Tabelle ist als Ergänzung zum Kapitel 16 gedacht. Sie finden darin Kurzbeschreibungen der Mineralarten, welche von Auge bzw. mit einer 10-/12-fach Lupe im Allalin-Gabbro erkannt werden können.

Mineral **Mineralchemie** **Mineralgruppe**	**Allgemein**	**Im Allalin-Gabbro**	**Beispiel-Foto Abb.-Nr.**
Augit $(Ca, Mg, Fe, Ti)_2Si_2O_6$ Pyroxengruppe Kettensilikat	Wichtiges Mineral in basischen magmatischen Gesteinen. Schwarz, kurzprismatisch. In Basalten oft als idiomorphe Einsprenglingskristalle.	In den recht seltenen Gabbros mit erhaltenem magmatischem Mineralbestand. Schwarze, eckige Kristalle, zuweilen bis mehrere Zentimeter gross. Mit deutlichen Spaltflächen.	4b, d 39a
Plagioklas $(Ca, Na) AlSi_2O_8$ Feldspatgruppe Gerüstsilikat	Plagioklas ist neben dem Kalifeldspat/Orthoklas der häufigste Feldspat. Feldspäte sind die mengenmässig bedeutendsten Mineralien in der Erdkruste. Plagioklas ist Hauptbestandteil in allen basischen bis intermediären magmatischen Gesteinen.	In den recht seltenen Gabbros mit erhaltenem magmatischem Mineralbestand. Völlig frisch ist er nie vorhanden, aber doch so, dass in den milchig-weissen Kristallen noch die Spaltbarkeit erkannt werden kann.	4b 39a
Olivin $(Mg, Fe)_2SiO_4$ Olivingruppe Inselsilikat	Olivin ist mengenmässig das häufigste Mineral der Erde, ist er doch Hauptbestandteil des Erdmantels im Gestein Peridotit. Die olivgrünen Körner kommen auch in basischen Magmatiten vor, besonders auffällig als Einsprenglingskristalle in Basalten.	In den recht seltenen Gabbros mit erhaltenem magmatischem Mineralbestand. Aber nie mehr so gut erhalten, dass die grüne Farbe noch gut erkennbar ist, sondern durch Teil-Serpentinisierung schwärzlich-grün verfärbt.	4d 39c
Granat Wasserfreies Ca-Mg-Fe-Silikat Granatgruppe Inselsilikat	Granat ist ein weit verbreitetes Mineral in höhergradig metamorphen Gesteinen: Granat-Glimmerschiefer, Eklogite, Granat-Peridotite, Kalksilikatfelse, Rodingite. Je nach Ca-Mg-Fe-Gehalten Farben von hellrot bis schwarzbraun.	Feinste Granatsäume bilden sich im Corona-Stadium um die Olivine. Vor allem dann in der Eklogitfazies sind hellrote Säume zwischen Olivin- und Plagioklas-Pseudomorphosen auffällig. Der Granat ist relativ Mg-reich/Fe-arm, was seine deutlich hellrote Färbung bewirkt.	4c, p, r 39e, g
Chlorit Wasserhaltiges Mg-Fe-Al-Silikat Chloritgruppe Schichtsilikat	Chlorit ist ein häufiges Mineral in tief- bis mittelgradig metamorphen basischen Gesteinen, Hauptmineral in Grünschiefern neben Aktinolith, Albit und Epidot. Mg-reicher Chlorit ist auch unter Hochdruck-Bedingungen stabil.	Chlorit bildet sich früh im Corona-Stadium als Säume um Olivin – allerdings makroskopisch kaum erkennbar. In vollständig grünschieferfaziell überprägten Gabbros kann stumpfgrüner Chlorit neben Aktinolith erkennbar vorkommen.	30d 35j, k 39l, n
Zoisit Wasserhaltiges Ca-Al-Silikat Epidotgruppe Gruppensilikat	Zoisit kommt in Ca-reichen metamorphen Gesteinen vor, insgesamt nicht häufig. An sich bildet er farblose Stängel, kann aber durch Fremdelemente auch gefärbt sein. Berühmt wurde die tiefblaue pleochroitische Varietät Tansanit, ein wertvoller Edelstein.	Zoisit ist ab dem Corona-Stadium wesentlicher Bestandteil der weisslich-dichten Plagioklas-Pseudomorphosen. Erst in der Grünschieferfazies kristallisiert er zu etwas grösseren, mit der Lupe erkennbaren Kriställchen.	39n 40c
Epidot Wasserhaltiges Ca-Fe/Al-Silikat Epidotgruppe Gruppensilikat	Epidot ist ein häufiges Mineral in tief- bis mittelgradig metamorphen basischen Gesteinen, Hauptmineral in Grünschiefern neben Aktinolith, Albit und Chlorit. Auch unter Hochdruck-Bedingungen bleibt Epidot lange stabil.	Epidot ist in den seltenen Fe-Ti-reichen, dunklen Gabbrotypen präsent, und teilweise auch in geringeren Mengen in grünschieferfaziellen Typen.	35l 36h
Omphacit Wasserfreies Na-Ca-Mg-Fe-Silikat Pyroxengruppe Bandsilikat	Omphacit ist der unter Hochdruck-Bedingungen stabile Pyroxen. Er ist neben Granat Hauptbestandteil des Eklogits, dem hochdruck-metamorphen Meta-Basalt/Gabbro. Er bildet mattgrüne, manchmal halbtransparente Prismen.	Omphacit kommt im Allalin-Gabbro in den eklogitfaziellen Varietäten vor, makroskopisch knapp erkennbar in Olivin-Pseudomorphosen, und nicht von Auge auflösbar in den Plagioklas-Pseudomorphosen («Saussurit 2»). Dort trägt er zu einer Grünlichfärbung bei. Auch in eklogitfaziellen Adern als bis zu zentimetergrossen Prismen.	4n, q 31f, g 36a, b

Mineral Mineralchemie Mineralgruppe	Allgemein	Im Allalin-Gabbro	Beispiel-Foto Abb.-Nr.
Chrom-Omphacit/«Smaragdit» Wasserfreies, chromhaltiges Na-Ca-Mg-Fe-Silikat Pyroxengruppe Bandsilikat	Wenn sich Omphacit aus primär deutlich chromhaltigen Augiten bildet, baut er das Chrom in sein Kristallgitter ein, was zusammen mit dreiwertigem Eisen zu einer auffällig froschgrünen Färbung führt.	Omphacit mit Chromgehalten von bis zu 1 % bildet die sehr auffälligen, froschgrünen Pseudomorphosen nach dem magmatischen Augit, auch als «Smaragdit» bezeichnet. Sie sind sozusagen das «Markenzeichen» des Allalin-Gabbros.	1a, 2a 4a, e, i, m 19b, 20k 35d, 39d
Mg-Chloritoid Wasserhaltiges Mg-Al-Silikat, auch Sprödglimmer genannt Chloritoidgruppe Inselsilikat	«Normaler», eisenreicher Chloritoid ist ein recht häufiges Mineral in mittelstark metamorphen Tongesteinen (Metapeliten). Die Mg-reiche Variante ist nur unter sehr hohen Drucken stabil und kommt recht selten in Hochdruck-Gesteinen vor. Zu verwechseln mit Biotit, aber mit H = 6,5 viel härter als dieser (H = 2,5).	Der Mg-Chloritoid ist ein sehr charakteristisches eklogitfazielles Mineral im Allalin-Gabbro. Er bildet schwarze, plattige, glänzende Körner; er kann auch in eklogitfaziellen Adern in Kristallen von mehreren Zentimetern Grösse auftreten.	4f, m, n 31f 36d 39h, i
Talk Wasserhaltiges Mg-Silikat Schichtsilikat	Talk ist ein weisses, schuppiges, sehr weiches Schichtsilikat (H = 1). Er kommt in ultramafischen Metamorphiten und deren Reaktionszonen mit Umgebungsgesteinen vor; er ist Hauptbestandteil des gut schnitzbaren «Specksteins».	Der Talk kommt in den Olivin-Pseudomorphosen in eklogitfaziellen Gabbros vor; er bildet auffällige, weisse, leicht herauswitternde Aggregate, umgeben von rotbraunen Granatsäumen. Selten tritt er auch mit Mg-Chloritoid in Adern auf.	1a, 4c, m, p 31b, c 39e, f, g
Glaukophan Wasserhaltiges Na-Mg(Fe)-Al-Silikat Amphibolgruppe Bandsilikat	Glaukophan ist das Typmineral der Blauschieferfazies, dem Metamorphose-Bereich bei tiefen bis mittleren Temperaturen und relativ hohen Drucken. Mit zunehmendem Eisengehalt wird er dunkelblau bis schwarzblau.	Glaukophan kristallisiert in der Spätphase der eklogitfaziellen Metamorphose, gerne in granatgesäumten Olivin-Pseudomorphosen. Weil er sehr eisenarm ist, erscheint er makroskopisch in einem wunderschönen hell-lila Farbton.	4g, o 31d, e 35f, 36f 39j, k
Blaugrüne Hornblenden Wasserhaltiges Na-Ca-Mg-Fe-Al-Silikat Amphibolgruppe Bandsilikat	Amphibole aus den Mischbereichen zwischen Glaukophan, Aktinolith und Hornblende umfassen etliche mineralogisch abgrenzbare Einzel-Amphibole, die aber makroskopisch kaum unterscheidbar sind. Sie sind typisch für Grenzbereiche zwischen Hochdruck- und Normaldruck-Metamorphose.	Blaugrüne Hornblenden sind typisch in den häufigen Allalin-Gabbros mit Übergangsmineralogien von der Eklogit- in die Grünschieferfazies. In diesen oft leicht flaserig-gneisartig deformierten Gabbro-Typen werden vor allem die Augit-Pseudomorphosen aus solchen dunkelgrünen Amphibolen gebildet.	4j, k, l 30c 35h, i 36g, 39l
Aktinolith Wasserhaltiges Ca-Mg-Fe-Silikat, auch Strahlstein genannt Amphibolgruppe Bandsilikat	Aktinolith ist zusammen mit Chlorit, Epidot und Albit-Oligoklas das wichtigste Mineral in Grüngesteinen. Es ist sozusagen das Typmineral in mittelgradigen Metabasiten. Es ist satt- bis sehr hellgrün und bildet meist langprismatische bis nadelige Kristalle, gerne auch radialstrahlige Aggregate.	In vollständig grünschieferfaziell überprägten Gabbro-Typen, die fast immer zu gneisartigen Gefügen verformt wurden, ist mittelgrüner Aktinolith in den Pseudomorphosen nach Augit bzw. Olivin trotz starker Verformung als feine Stängelchen erkennbar.	4s 30d 35k, l 39m
Paragonit Wasserhaltiges Na-Al-Silikat Glimmergruppe Schichtsilikat	Das Natrium-Äquivalent zum «normalen» Hellglimmer, dem Muskovit – makroskopisch von diesem allerdings nicht unterscheidbar. In mittel- bis hochgradigen Metamorphiten ziemlich verbreitet.	Das einzig makroskopisch sichtbare Glimmermineral im Allalin-Gabbro. Vor allem in grünschieferfaziellen Flasergabbros kann er auffällig silbrigglänzende Plättchen bilden. Er ist aber viel seltener und weniger auffällig als in den metabasaltischen Eklogiten von Rimpfischhorn-Pfulwe, wo er sehr häufig ist.	35k 39m 40c
Albit-Oligoklas (Na, Ca) Si_3O_8 Feldspatgruppe Gerüstsilikat	Die Na-Ca-Feldspäte bilden eine kontinuierliche Mischreihe vom reinen Na- zum reinen Ca-Endglied. Die Na-reichen Typen Albit und Oligoklas sind typisch für tief- bis mittelgradige Metamorphite, vor allem in Metabasiten.	In den grünschieferfaziell überprägten Gabbros bildet der milchigweisse Albit-Oligoklas zusammen mit Zoisit das Hauptmineral in den weissen Plagioklas-Pseudomorphosen («Saussurit 3»). Er kann auch in späten Klüftchen und Adern vorkommen.	4s 30d 40c

G Standorte von bedeutenden Findlingen aus Allalin-Gabbro

Diese Auswahl von grösseren bzw. bedeutenderen und/oder gut zugänglichen Findlingen aus Allalin-Gabbro ist subjektiv. Wer auf Wanderungen im Mittelland oder am Jura-Südfuss unterwegs ist und nach Findlingen Ausschau halten möchte, kann auf der Webseite der Landestopografie (**www.map.geo.admin.ch**) im Menu «Natur und Landschaft/Geologie» die beiden geologischen Detail-Kartenlayer «Geologischer Atlas GA 25» oder «GeoCover – Vektordaten» wählen, auf denen grössere Findlingsblöcke mit einem Kreuz eingetragen sind (blau für Sedimentgesteine, rot für Kristallingesteine).

Ein Grossteil der Allalin-Gabbro-Findlinge besteht aus ehemals plagioklasreichen Varietäten in Eklogitfazies (d.h. mit viel «Saussurit 2»), mit mehr oder weniger grasgrünem Chrom-Omphacit. Die meisten Blöcke weisen eine starke Oberflächenpatina und/oder Flechten-/Moosbewuchs auf, was den Blick auf das eigentliche Gestein erschwert. Die Allalin-Gabbro-Findlinge verraten sich jedoch in der Regel bald, wenn ein Stücklein eines grünen Chrom-Omphacits («Smaragdit») hervorblinzelt.

Ein Teil der Findlinge sind in Kapitel 21 auf Fotos zu sehen. Beachten Sie, dass die meisten grösseren Findlinge unter Schutz stehen!

Name Ort	Lage und Koordinaten	Besonderheiten	Abb. Nr.
Burgdorf BE	Mitten im lichten Pleerwald, Zugang vom Waldsträsschen zur Rothöhe. 1 219 1995/2 613 037	Ein mehr als beachtlicher Brocken von rund 7 × 4 × 4 Metern, versehen mit einer Inschrift «Naturdenkmal–Findling–Staatlich geschützt». Eklogitfazieller Olivingabbro bis Troktolith.	60a
Eriswil BE	Mitten im Dorf an der Hauptstrasse bei Parkplatz. 1 214 396/2 631 309	Nicht sehr romantisch an Strasse und Parkplatz gelegen. Zeuge der grössten Vergletscherung, nicht der letzten.	60e
Krauchthal BE	Im steilen Wald des Bächlegrabens nö des Dorfes. 1 206 580/2 610 090	Station 9 des geologischen Weges «Sandsteinpfad Krauchthal» bzw. P6/Wanderung Nr. 2 im Buch «Geologische Wanderungen» von Jürg Alean & Paul Felber (Haupt Verlag 2019)	–
Ins, BE	Am Eingang des Inforamas bei Ins 1 205 207/575 882	Aus einer Kiesgrube hertransportierter Gedenkstein für Gerhart Wagner, Autor des Standardwerks «Flora Helvetica» und nebenbei Eiszeitforscher mit einer umstrittenen Theorie. Ein ausserordentlich schönes und frisches Stück.	–
Ins, BE	Findlingsgarten am Bahnhof	Zwei sehr schöne Brocken von Allalin-Gabbro in Eklogitfazies aus den Kiesgruben der Umgebung, mit gut sichtbaren Mineralien, als Teil des von Peter Thomet initiierten Findlingsgartens.	71a
Ins, BE	Östlich Ins am Rand der grossen Kiesgrube, Bir länge Stude 1 205 361/2 576 414	Ein recht kleiner Block aus der Kiesgrube, aber dafür ein Prachtsexemplar einer fast anorthositischen eklogitfaziellen Varietät, ein typischer «Lémanit».	71b
Treiten, BE	Inmitten der riesigen Kiesgrubenanlage, beim P. 466 1 207 395/2 579 842	Ein sehr grosser Findling mit Ausmassen von rund 6 × 3 × 2 Metern (74 t). Gefunden in der Kiesgrube und an deren Rand transportiert, wo er derzeit ein eher unwürdiges Dasein inmitten der Stahlkonstruktionen der Grube fristet.	
Les Gottettes VD	In einem lichten Wald im Gebiet «La Reculanne» ca. 1 km sö Romainmotier 1 170 832/2 526 371	Sehr schön in lichtem Buchenwald gelegen; einzigartig insofern, als dass es der einzige bekannte Findling der Schweiz ist mit steinzeitlichen Ritzzeichnungen. Beschrieben im Buch: «Guide des Lieux Mytérieux de Suisse Romande», Band 2, von Stefan Ansermet.	60d
L'Abergement VD	«Pierre de Bonchâteau», 1 km nö des Dorfes, auf der LK 25 000 eingetragen 1 179 168/2 528 167	Ein gewaltig grosses Ensemble von rund 30 Blöcken, der grösste Block ungefähr 10 × 6 × 5 Meter gross. Magische Stimmung darum herum. An einem kleinen Block im Westen des Ensembles ist eine schöne schwarze Ader von schwarzem Magnesiumchloritoid vorhanden.	60b
La Praz VD	«Pierre Pouilleuse», 1,3 km ssö des Dorfes an einer Waldecke, auf der LK 25 000 eingetragen. 1 167 792/2 523 153	Ebenfalls ein Ensemble, schön gelegen. Eklogitfazieller saussuritreicher Metagabbro. An diesen Steinen vermuten die Forscher von Lausanne mögliche Abbauspuren für die Herstellung von Steinbeilen.	60c

H Bearbeitende/Schmuckhersteller

Die Tabelle gibt einen Überblick über Personen/Firmen, welche Allalin-Gabbro – meist unter vielem anderen – zu Schmuck- und Dekorgegenständen oder Skulpturen verarbeiten. Die Liste hat den Stand Februar 2024 und ist wohl nicht vollständig. Der Autor ist froh um Meldungen vonseiten der Leserschaft.

Name	PLZ Ort	Produkte	Webseite / Mail
Swissstones/Création Yolanda Yolanda Bernhauser & Michaela Wüthrich	9633 Hemberg	Sehr grosse Palette von Produkten aus Schweizer Gesteinen, u. a. Allalin-Gabbro. Vorwiegend Schmuck	swiss-stones.com
Steinfinder Felix Lötscher	4310 Rheinfelden	Kleine, aber feine Palette von sehr schönen Objekten und Schmuckstücken. Bearbeitet auch Ihre Steine nach Ihrem Wunsch	steinfinder.ch
Steinschleiferei Brendle Urs Brendle	3508 Arni	Objekte und Schmuck, v. a. auch Steinschleifkurse	steinschleifen.com
Stein-Art Hans van der Heide	8635 Dürnten	Stellt in erster Linie sehr schöne skulpturale geschliffen/polierte Objekte aus schweizerischen Gesteinen her; aber auch Schmuckobjekte	stein-art.ch
Binntal Mineralien Ewald Gorsatt	3996 Binn	Strahler mit Steinbearbeitungswerkstatt. Im Sommer Strahlertouren, im Winter Schleifkurse: Stellt auch eigene Objekte und Schmuck her.	gorsatt.ch
Mineralien-Imhof Toni Imhof	3996 Binn	Strahler, ehem. Mineralien-Grosshandel, Mineralienladen in Binn. Auch Objekte aus Allalin-Gabbro.	mineralien-imhof.ch
Siber & Siber Welt der Steine	8607 Aathal-Seegräben und 8001 Zürich	Seit über 509 Jahren DER grosse Mineralienhändler der Schweiz. Neben riesigem Angebot von Mineralien auch viele bearbeitete Steine, darunter recht viele Allalin-Gabbros	siber-siber.ch
Lapidarium Johann Wierer	D-83527 Haag / Oberbayern	Breites Angebot von Objekten aus schönen Gesteinen: Vasen, Schalen, Kugeln, Wohnaccessoires. Ebenso viel Schmuck, v. a. Anhänger	lapidarium-wierer.de
Agnes und Andreas Hofer	A-5440 Golling	Das Paar hat als erste Leidenschaft Kakteen(zucht), als zweite Gesteine. Sie schleifen u. a. einzigartige Schalen, auch aus Allalin-Gabbro	Obergäu 39, A-5440 Golling, Tel. 0043-6244-5037 agneshofer@gmail.com
André Reymond	1443 Esser-sous-Champvent	Steinbildhauer, welcher u. a. auch Allalin-Gabbros zu verschiedensten Gegenständen und Skulpturen verarbeitet - ausschliesslich aus Flussgeröllen der Romandie gewonnen.	artvasques.ch

I Sachregister

Im Register wird für die jeden Begriff nur jeweils diejenige Seite angegeben, auf welcher er eingeführt und/oder prominent verwendet wird. Der Hinweis (G) bedeutet, dass der Begriff auch im Glossar ab Seite 223 erläutert wird.

J Ortsregister

K Namensregister

Nur im Text erwähnte Namen sind aufgeführt. Die Sponsoren und Gönner sind auf den Seiten 11–13 präsentiert.

2. Auflage: 2026
1. Auflage 2024

ISBN 978-3-258-08467-1

Umschlaggestaltung, Gestaltung und Satz: pooldesign.ch
Geologische Illustrationen:Dr. Martin Wyss, CH-Baden

Wir drucken mit mineralölfreien Farben und verwenden FSC®-zertifiziertes Papier.
FSC® sichert die Nutzung der Wälder gemäß sozialen, ökonomischen und ökologischen Kriterien.
Gedruckt in der Tschechischen Republik

FSC
www.fsc.org
MIX
Papier | Fördert gute Waldnutzung
FSC® C010798

Diese Publikation ist in der Deutschen Nationalbibliografie verzeichnet. Mehr Informationen dazu finden Sie unter http://dnb.dnb.de.

Der Haupt Verlag wird vom Bundesamt für Kultur für die Jahre 2026–2028 unterstützt.

© Shutterstock, Huza Studio

Wir verlegen mit Freude und großem Engagement unsere Bücher. Daher freuen wir uns immer über Anregungen zum Programm und schätzen Hinweise auf Fehler im Buch, sollten uns welche unterlaufen sein.

Haupt Verlag AG
Falkenplatz 14
CH-3012 Bern
herstellung@haupt.ch
www.haupt.ch

Verantwortlich in der EU (GPSR):
Brockhaus Kommissionsgeschäft GmbH
Kreidlerstr. 9
DE-70806 Kornwestheim
haupt@brocom.de